De la relativité au GPS

Quand Einstein s'invite dans votre voiture

Pierre Spagnou

ellipses

La 1re édition de ce livre a été publiée en grand format en 2012.

ISBN 9782340-038172

32, rue Bargue 75740 Paris cedex 15

www.editions-ellipses.fr

À NTS-2, satellite GPS prototype lancé en juin 1977 :
Petit engin insolent et rebelle qui, voguant au-dessus de nos rêves, a confirmé les étonnantes prédictions relativistes sur les temps multiples.

À Albert Einstein, subtilement simple[1].

1. On doit ce qualificatif à H. G. Wells, le célèbre écrivain de science-fiction.

Si les paradoxes de la théorie de la relativité restreinte font figure de paradoxes, c'est que nous n'avons pas l'habitude de voir les choses de cette façon et que nous nous arrogeons le droit de penser que les choses vont de soi.

Bertrand Russell[1]

1. Un des plus grands philosophes du XXe siècle, citation extraite de son *ABC de la relativité* et qui s'applique parfaitement à la relativité du temps, thème principal de ce livre.

Préambule

« Tenez votre droite puis tout droit… »

Cher lecteur, ces quelques mots vous rappelleront probablement quelque chose. Le logiciel GPS à bord de votre voiture égrène régulièrement ce genre de conseil pour vous aider à rejoindre votre destination lorsque vous naviguez en terrain inconnu.

Mais vous êtes-vous déjà demandé comment ça marche ? Par quel miracle parvient-on à vous localiser n'importe où (ou presque) sur Terre avec une précision de l'ordre du mètre ?

Si je vous disais que pour que le GPS fonctionne, il faut tenir compte du fait que les masses « ralentissent le cours du temps », peut-être me prendriez-vous pour un fou ou tout au moins considéreriez-vous ma situation avec une certaine gravité ?

Si j'ajoutais que la vitesse elle aussi crée des distorsions temporelles qu'il faut également impérativement inclure dans les calculs pour que votre GPS soit utilisable, que me diriez-vous ? Que mon esprit délirant s'emballe ?

Enfin si je vous signalais que les trous noirs, ces extraordinaires objets astrophysiques, jouent également un rôle dans le GPS, ne m'indiqueriez-vous pas immédiatement l'adresse du médecin le plus proche afin de soigner mes distorsions mentales et mon esprit siphonné ?

Pourtant je ne radote pas le moins du monde et ce petit livre a pour unique et saine ambition de saisir la superbe opportunité qu'offre le GPS (aujourd'hui seule application pratique de la relativité générale dans notre vie quotidienne) pour familiariser mon lecteur avec la théorie d'Einstein et avec ses étonnantes prédictions sur les temps multiples, et ce sans nécessiter un bagage technique hyper-développé. J'en profiterai aussi pour balayer au passage certaines idées reçues tenaces.

Remarquez, cher bouquineur, que je ne vous demande nullement de me croire sur parole. Je me propose simplement de vous guider pas à pas jusqu'aux stupéfiantes conclusions de la relativité.

Avant d'aborder le GPS, il nous faudra faire un peu d'exercice physique, ce qui, vous en conviendrez, ne peut pas nuire à la santé. J'essaierai d'expliquer le plus simplement possible les éléments essentiels de la relativité restreinte et de la relativité générale. Ensuite je décrirai le fonctionnement des horloges atomiques, ce qui nous conduira à nous demander quelle référence nous utilisons sur Terre pour marquer le temps « universel » et si celui-ci est identique au temps qui sert de repère au GPS.

Nous serons alors parés pour commencer notre balade dans le monde du GPS, formidable laboratoire de physique où se côtoient les technologies les plus sophistiquées et certains effets fortement contre-intuitifs de nos théories physiques les mieux établies.

Sans entrer dans tous les détails, j'ai tenu dans ce livre à vous présenter tous les calculs importants pour que vous puissiez par vous-même vous rendre compte du rôle capital de la relativité dans le fonctionnement du GPS.

Je conclus ce livre par quelques réflexions de nature plus philosophique pour montrer à quel point le GPS est un outil stimulant qui permet de se « positionner » sur des sujets très variés.

Cet ouvrage peut être lu en totalité dès les classes de terminale S (avec un petit effort quand même au niveau des concepts) et est destiné également à tous les enseignants désireux d'expliquer les bases de la relativité au travers d'un outil à la fois très concret et très connu du grand public. Il comblera certainement aussi la curiosité de tous les lecteurs intéressés par la science dans ce qu'elle a de plus novateur voire de plus délicieusement provocateur.

Grâce au GPS, il n'est plus question de baliser quand il s'agit d'apprendre la relativité !

Quelques précisions avant de mettre mon lecteur sur orbite :

- à chaque première occurrence, un mot dont la définition figure dans le glossaire en fin d'ouvrage apparaîtra en gras et marqué d'un astérisque ;
- à chaque fois que nécessaire, des notes sont ajoutées en bas de page. Elles ont une double utilité : d'une part fournir les références aux citations ou à des points de vue d'auteurs (souvent pour étayer mes arguments), d'autre part apporter des clarifications destinées à éclairer ou compléter mon propos.

> En route !

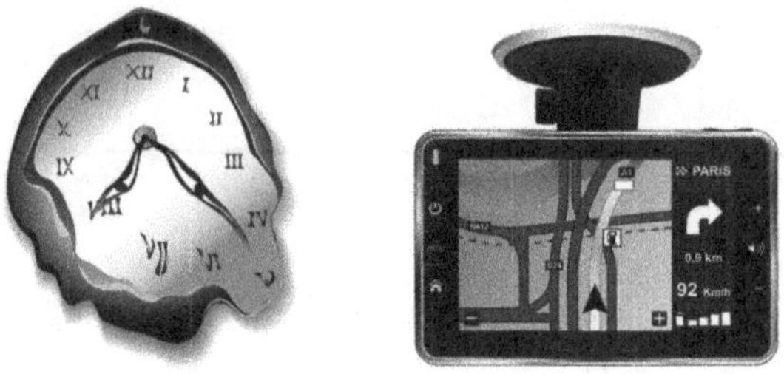

Figure 1. Le GPS en tant qu'outil déroutant

Avant d'entrer dans le vif du sujet, mettons-nous brièvement en situation.

Vous avez pris place au volant de votre voiture et, confortablement installé dans votre siège, vous vous apprêtez à allumer votre récepteur **GPS*** afin de vous rendre à la destination de votre choix.

Posons-nous en toute quiétude ces questions : quel rapport peut-il bien exister entre la relativité du temps, symbolisée par l'horloge déformée ci-dessus, et votre GPS ? Pourquoi diable faudrait-il pour vous indiquer la route emprunter des chemins déroutants ?

Vous allez pouvoir répondre simplement à ces interrogations troublantes, en naviguant avec aisance de la théorie jusqu'à cet outil concret qu'est le GPS, grâce à la balade sympathique qui va suivre, à laquelle vous êtes convié dès à présent.

1.
Petite incursion dans la relativité restreinte

Les mystères les plus malins sont ceux qui se cachent dans la lumière.

Jean Giono

✻ 1.1. Un peu d'histoire

En publiant l'article « Électrodynamique des corps en mouvement », en 1905, Einstein résout splendidement une contradiction dans laquelle la physique était empêtrée depuis plusieurs décennies. Voyons comment.

Un **référentiel galiléen*** (ou inertiel) est un référentiel dans lequel la loi d'inertie est valable : au grand dam d'Aristote, tout corps qui n'est soumis à aucune force est au repos ou en mouvement rectiligne uniforme.

Tout référentiel en mouvement rectiligne uniforme par rapport à un référentiel galiléen est nécessairement galiléen.

On savait depuis Galilée que les lois de la mécanique sont invariantes lorsqu'on change de référentiel d'inertie, ce qui revient à dire qu'on ne peut par aucune expérience de mécanique distinguer le mouvement rectiligne uniforme du repos « absolu ». C'est le principe de relativité galiléen.

Grâce au génie de Maxwell, les lois de la physique se sont agrandies dans la seconde moitié du XIXe siècle, en incorporant l'électromagnétisme, Maxwell ayant réussi le tour de force d'unifier électricité et magnétisme. Dans ses équations, l'onde électromagnétique voyage toujours dans le vide à la vitesse constante c (en gros 300 000 km/s). Son milieu matériel de propagation est supposé être l'éther par analogie à l'air pour l'onde sonore, une substance plutôt mystérieuse qui était censée être au repos par rapport à l'espace absolu et osciller au passage d'une onde électromagnétique.

Or la loi d'addition des vitesses impliquait que, si un corps se déplaçait par rapport à l'éther à la vitesse v en émettant dans le sens de son mouvement une onde lumineuse de vitesse c, la vitesse du signal par rapport au corps devrait être $c - v$. De même, si le signal était dirigé dans le sens opposé au mouvement, la vitesse du signal par rapport au corps devrait être $c + v$.

Le principe de relativité galiléen semblait inapplicable à l'électromagnétisme. Les physiciens se trouvaient donc en face d'un dilemme : ou bien abandonner le principe de relativité galiléen, ou bien abandonner la loi de propagation de la lumière dans le vide à la vitesse constante c. La tendance vers la fin du XIXe siècle était plutôt de rejeter le principe de relativité galiléen en tant que méta-principe plutôt que de renoncer à la loi de propagation de la lumière fermement établie. Néanmoins toutes les expériences pour détecter un référentiel privilégié échouèrent, alors qu'on s'attendrait, si le principe de relativité n'était pas valable, à ce que la direction du mouvement de la Terre intervienne à tout moment dans les lois de la nature et que toutes les directions ne soient pas équivalentes pour les signaux électromagnétiques. Une telle anisotropie (c'est-à-dire une dépendance de la vitesse selon la direction) dans l'espace physique terrestre ne fut jamais détectée[1].

Les physiciens étaient par conséquent dans une impasse.

* 1.2. Principes de la relativité restreinte

Einstein va montrer qu'il est possible, en dépit des apparences, de maintenir les deux principes (constance de la vitesse de la lumière et principe de relativité galiléen) qui semblaient incompatibles, à condition de renoncer à des hypothèses implicites sur l'espace et le temps. L'éther n'avait plus de raison d'être.

1. L'expérience la plus emblématique fut sans conteste celle de Michelson et Morley conduite entre 1881 et 1887 qui montra que la vitesse de la lumière était la même dans toutes les directions jusqu'au deuxième ordre en (v/c), qui était la précision de l'expérience. La Terre sur son orbite avec une vitesse de 30 km/s était en fait un excellent candidat pour détecter une variation de la vitesse de la lumière entre des chemins identiques parcourus dans le sens du mouvement ou perpendiculairement au vent d'éther.

La théorie de la **relativité restreinte*** proposée par Albert Einstein[1] en 1905 repose donc sur les deux principes suivants :

- tous les référentiels galiléens sont équivalents pour exprimer les lois de la nature (principe d'invariance galiléen) ;
- la lumière se propage dans le vide en ligne droite à la vitesse constante[2] c, (égale à 299 792 458 m/s soit environ 300 000 km/s) quel que soit le référentiel galiléen considéré.

Le qualificatif « restreinte » nous rappelle simplement que la théorie s'appuie sur un principe d'invariance limité aux référentiels galiléens.

Il est important de voir que le premier principe traduit l'idée qu'aucune expérience de physique ne peut nous permettre de distinguer le mouvement rectiligne uniforme du repos absolu. Ce principe de relativité avait déjà été énoncé par Galilée pour la mécanique mais Einstein l'étend à toute la physique.

Le second principe est le plus perturbant car il entre en conflit avec la loi habituelle d'additivité des vitesses. Einstein généralise à tous les référentiels inertiels une loi déjà exploitée par Maxwell dans ses équations de l'électromagnétisme.

Certains physiciens ont pu écrire que la dénomination « relativité » était impropre et qu'il faudrait lui préférer le terme « invariance ». Leur argument est que les deux théories de la relativité (restreinte et générale) sont basées sur un principe d'invariance : tous les référentiels (galiléens ou accélérés) sont équivalents pour exprimer les lois de la nature.

L'argument n'est pas stupide mais la conclusion est excessive : le terme « relativité » a le mérite de focaliser l'attention sur les prédictions de la théorie plutôt que sur ses principes. En conséquence, l'appellation « relativité » est tout aussi légitime, avec en plus l'intérêt de mettre en évidence certaines conséquences contre-intuitives comme la relativité du temps. En définitive, il s'agit plutôt d'un choix judicieux, car il met le doigt sur certains aspects

1. Einstein fut en fait le premier à proposer une nouvelle théorie-cadre valable pour toute la physique, dans laquelle le concept de relativité du temps trouve toute sa place. Je renvoie mon lecteur à l'annexe B pour une comparaison détaillée de la contribution d'Einstein avec celle d'importants précurseurs comme Poincaré et Lorentz.
2. Il existe un moyen mnémotechnique amusant pour se rappeler la valeur de c en substituant à chaque mot de la phrase suivante le nombre de lettres qui le composent : « La constante lumineuse restera désormais là, dans votre cervelle » soit 299 792 458 m/s !

de la relativité qui sont contraires au sens commun, la qualité d'une théorie scientifique se mesurant au moins autant par ce qu'elle dérange que par ce qu'elle arrange.

À la question « Qu'est-ce que la relativité de l'espace et du temps ? » on entend parfois comme réponse : « Plus on regarde loin dans l'espace, plus on regarde loin dans le passé. » Cette dernière remarque est certes correcte mais n'est pas du tout l'une des conséquences propres à la relativité : on sait depuis 1676 et les observations ingénieuses de l'astronome danois Römer (basées sur le décalage dans le début des éclipses des satellites galiléens en fonction de l'éloignement de la Terre par rapport à Jupiter) que la vitesse de la lumière est finie. C'est le fait que la vitesse de la lumière reste constante dans n'importe quel référentiel galiléen (et qu'il s'agisse en conséquence d'une limite infranchissable) qui constitue l'une des originalités de la théorie, en l'occurrence de la théorie de la relativité restreinte, et qui heurte puissamment le sens commun.

* 1.3. Transformation de Lorentz et composition des vitesses

Il me semble que la cinématique relativiste, y compris le théorème d'addition des vitesses, pourrait et devrait être enseignée dans le secondaire ; c'est en effet l'exemple le plus simple de la façon dont la physique moderne dépasse l'intuition quotidienne.

Abraham Pais

Supposons que R et R' sont deux référentiels galiléens, R' étant animé de la vitesse $\vec{v}$ par rapport à R avec un mouvement rectiligne uniforme suivant l'axe des x.

Comment passe-t-on des coordonnées (x, y, z, t) d'un **événement*** dans R aux coordonnées (x', y', z', t') de ce même événement dans R' ?

En cinématique classique (newtonienne), la réponse est fournie par la transformation de Galilée :

$$x' = x - vt \qquad y' = y \qquad z' = z \qquad t' = t$$

Avec la relativité, la réponse est donnée par la transformation de Lorentz :

$$x' = \frac{x - vt}{\sqrt{1 - \frac{v^2}{c^2}}} \qquad y' = y \qquad z' = z \qquad t' = \frac{t - \frac{v}{c^2}x}{\sqrt{1 - \frac{v^2}{c^2}}}$$

Lorsqu'on dit « l'événement *M* a lieu en un point *x*, *y*, *z* à l'instant *t* », ceci signifie que l'on doit constater la simultanéité entre deux événements : le passage du corps au point *M* et l'indication de l'horloge en ce même point. Par conséquent on suppose implicitement qu'il existe un réseau d'horloges synchronisées avec celle placée en *O* (origine du référentiel *R*) et distribuées dans la totalité de l'espace.

Le lecteur désireux de comprendre en détail comment déduire la transformation de Lorentz des deux principes énoncés plus haut trouvera une explication claire en annexe du petit livre d'Einstein lui-même cité en bibliographie. Avec la relativité, la vitesse de la lumière est une grandeur absolue (un invariant), ce qui implique que les distances et les intervalles de temps deviennent relatifs, c'est-à-dire liés au référentiel considéré.

Dans les formules ci-dessus, la vitesse de la lumière *c* est une limite indépassable.

Aucun corps ne peut être accéléré à une vitesse égale ou supérieure à celle de la lumière. Cette conséquence de la relativité restreinte a été vérifiée à de multiples reprises avec une grande précision et continue à l'être à l'heure actuelle dans les accélérateurs de particules[1].

Au fait, pourquoi parle-t-on d'**espace-temps***?

Est-ce une terminologie usurpée ? Pas du tout, elle est tout à fait appropriée.

Dans la physique newtonienne, le maître mot était de laisser le temps au temps : nous avions imperturbablement $t' = t$.

En revanche, avec la relativité, nous voyons que le terme t' ci-dessus est un mélange d'espace et de temps : on donne donc de l'espace au temps. Les coordonnées x' et t' sont désormais toutes deux des imbrications de temps et d'espace. Il n'est plus possible de séparer l'espace et le temps.

1. Pour une analyse de l'annonce récente très médiatique (septembre 2011) de la possible détection de particules violant cette règle, voir le paragraphe 9.5.

> Formule de composition des vitesses

Supposons qu'un voyageur se déplace vers l'avant à la vitesse v dans le wagon d'un train lui-même en mouvement à la vitesse u par rapport au sol.

Quelle sera la vitesse du voyageur par rapport au sol ?

En physique classique, la réponse est immédiate : le voyageur se déplace par rapport au sol à la vitesse $u + v$.

C'est la **loi d'additivité des vitesses**. Si le voyageur se déplaçait vers l'arrière, sa vitesse par rapport au sol serait $u - v$.

Voyons ce que cette loi devient avec la relativité.

Le voyageur se meut dans le train conformément à l'équation

$$x' = vt'$$

Utilisons la transformation de Lorentz :

$$\frac{x - ut}{\sqrt{1 - \frac{u^2}{c^2}}} = v \frac{t - \frac{u}{c^2}x}{\sqrt{1 - \frac{u^2}{c^2}}}$$

On en déduit :

$$x = \frac{u + v}{1 + \frac{uv}{c^2}} t$$

> La vitesse du voyageur par rapport au sol n'est donc plus $u + v$ mais :
>
> $$\frac{u + v}{1 + \frac{uv}{c^2}} \qquad (1.1)$$

Nous constatons conformément à l'invariance de c, que si un signal est émis à la vitesse c depuis un mobile à la vitesse u, la vitesse par rapport au sol sera toujours égale à c : il suffit de remplacer v par c dans la formule ci-dessus. Là encore, la vitesse c apparaît comme une barrière infranchissable.

> Métrique* du continuum espace-temps

$$ds^2 = c^2dt^2 - dx^2 - dy^2 - dz^2$$

La distance ci-dessus a la même valeur dans tous les référentiels galiléens. C'est un invariant. C'est l'intervalle spatio-temporel entre l'événement (x, y, z, t) et l'événement infiniment voisin $(x + dx, x + dy, z + dz, t + dt)$. Ce n'est pas tout à fait une distance euclidienne à cause du signe « – », d'où le qualificatif d'espace pseudo-euclidien.
Rappelons qu'en cinématique classique (newtonienne) les distances et les intervalles de temps se conservent lorsqu'on change de référentiel galiléen. Ni l'un ni l'autre ne se conservent avec la cinématique relativiste. En revanche c'est un mélange des deux (la quantité ci-dessus) qui se conserve et qui représente la distance entre deux événements de l'espace-temps.

On doit à Minkowski d'avoir le premier révélé en 1908 cette structure particulière de l'espace-temps qui lui confère des propriétés similaires à l'espace euclidien traditionnel, à condition d'accepter de combiner espace et temps, contrairement à ce que nous suggère notre intuition. Ces résultats de Minkowski ont d'abord laissé Einstein indifférent, car il y voyait surtout un artifice mathématique sans intérêt pratique. Cependant, quelques années plus tard, Einstein a réalisé que la généralisation de la relativité restreinte[1] qui devait conduire à sa théorie de la **relativité générale*** passait par la généralisation de la métrique de Minkowski, en transformant l'espace pseudo-euclidien en un espace courbe non euclidien. Il ne manqua pas de rendre hommage à Minkowski par la suite.

> La relativité restreinte permet-elle d'étudier les mouvements accélérés ?

Croire que la relativité restreinte ne permet pas d'étudier les mouvements accélérés est une idée encore assez répandue et qui trahit une compréhension plutôt sommaire de la théorie.

Certes le principe de relativité ne s'applique pour cette théorie qu'aux référentiels galiléens mais il n'en reste pas moins qu'elle permet, au même titre que la cinématique newtonienne, d'étudier n'importe quel type de

---

1. Les propriétés structurelles révélées par Minkowski ne se sont pas montrées utiles uniquement pour le développement de la relativité générale et constituent en fait la base de toute pratique moderne de la relativité restreinte qui s'appuie sur le point de vue de l'univers-bloc quadridimensionnel. Voir à ce sujet l'excellent ouvrage d'Éric Gourgoulhon cité en bibliographie.

mouvement. Mon lecteur trouvera au paragraphe suivant une explication détaillée du paradoxe des jumeaux et par la même occasion un exemple d'application de la relativité restreinte à un mouvement accéléré[1].

> La relativité restreinte a-t-elle des applications pratiques dans la vie quotidienne ?

J'ai pris l'amusante habitude de poser à mes collègues ingénieurs la question suivante : quelles sont les applications concrètes de la relativité restreinte dans notre vie courante en ce début du XXIe siècle ?

L'application la plus pratique dans notre vie de tous les jours de la relativité restreinte est tout simplement l'électricité. En effet en France près de 80 % de l'électricité produite a pour origine nos centrales nucléaires. Celles-ci fonctionnent grâce à l'équivalence masse-énergie $E = mc^2$, qui est exploitée par l'intermédiaire des réactions de fission.

Une autre application très courante est bien sûr le GPS et c'est l'objet de ce livre.

Enfin une troisième application non moins importante (et quasi magique !) nous est fournie par les **gyrolasers***, qui sont décrits avec délectation dans l'annexe A et qui équipent aujourd'hui la grande majorité des avions de ligne ou militaires ainsi que les fusées.

Les deux dernières applications exploitent toutes deux la réalité physique de la surprenante relativité du temps.

De nombreuses personnes doutent aujourd'hui davantage de la relativité restreinte que de l'astrologie[2] mais il y a quelque ironie à penser que, sans le recours précieux à cette théorie (via les centrales nucléaires), la plupart de la technologie utilisée par ces mêmes personnes dans leur vie courante serait tout simplement inopérante et leur interdirait même souvent de lire leur horoscope !

---

1. Un autre exemple nous est fourni par l'effet Sagnac (décrit en détail à l'annexe A) qui s'explique entièrement par la relativité restreinte car il met en jeu un mouvement de rotation pour lequel la relativité restreinte convient parfaitement.
2. Contrairement à ce qu'on pourrait attendre, cette tendance ne faiblit pas avec le niveau d'éducation, loin de là. Des enquêtes ont montré par exemple que la croyance en la torsion des cuillères par le seul pouvoir de l'esprit était plus forte chez les étudiants en premier cycle d'études universitaires scientifiques que celle en la dilatation relativiste des durées. Ce constat rend d'autant plus pertinent le travail de la zététique. Mon lecteur trouvera des détails intéressants à l'adresse http://webs.unice.fr/site/broch/zetetique.html#sofres

* 1.4. Dilatation des temps et paradoxe des jumeaux

> **Relativité de la simultanéité**

Deux événements peuvent être simultanés dans un référentiel et non simultanés dans un autre. C'est l'une des conséquences les plus novatrices de la relativité restreinte.

> **Intervalle de temps propre entre deux événements**

C'est l'intervalle de temps mesuré dans un référentiel tel que les deux événements soient locaux par rapport à ce référentiel (c'est-à-dire se produisent à la même position x, y, z). Dans tout autre référentiel l'intervalle de temps est impropre.

Donnons un exemple concret : dans un train, un voyageur déjeune et dîne à la même place. L'intervalle de temps entre le déjeuner et le dîner est propre dans le train et impropre par rapport au sol.

> **Dilatation des temps**

La transformation de Lorentz nous permet d'écrire :

$$\Delta t_{impropre} = \frac{\Delta t_{propre} - \frac{v}{c^2}\Delta x}{\sqrt{1 - \frac{v^2}{c^2}}}$$

Or puisque les deux événements sont locaux dans R, on a $\Delta x = 0$.

En conséquence, nous obtenons finalement la relation :

$$\Delta t_{impropre} = \frac{\Delta t_{propre}}{\sqrt{1 - \frac{v^2}{c^2}}}$$

L'intervalle de temps propre entre deux événements est toujours inférieur à l'intervalle de temps de ces mêmes événements mesuré par un observateur extérieur. C'est le phénomène de **dilatation des temps***.

Le **paradoxe des jumeaux** occupe une place à part dans mon cheminement personnel en ce qui concerne la compréhension de la théorie de la relativité. Trouver la solution correcte du paradoxe n'a pas été chose facile car, durant mes études, les professeurs eux-mêmes rejetaient la plupart du temps le paradoxe : autrement dit ils jetaient aux orties la prédiction d'Einstein de

1905 sur le retard d'une horloge ramenée à son point de départ en invoquant souvent à tort la nécessité d'utiliser la relativité générale pour résoudre le problème[1].

Un exemple frappant qui me revient à l'esprit est celui du roman de science-fiction *La Planète des singes*. Son auteur, Pierre Boulle, explique très bien au début du livre la prédiction correcte dans le cadre de la relativité. Par contre, dans l'adaptation cinématographique tirée du roman (datant de la fin des années 1960), les scénaristes ont cru bon de présenter cette prédiction comme la spéculation pure d'un physicien inventé pour l'occasion. Il est probable que les scénaristes ont commis l'erreur, soit parce qu'ils n'ont pas pris eux-mêmes au sérieux cette conséquence de la relativité, soit parce que les spécialistes consultés ont été de mauvais conseil.

Depuis ma période étudiante, de nombreux ouvrages de vulgarisation (par exemple ceux d'Hubert Reeves et plus récemment Kip Thorne) ont permis heureusement de clarifier la situation. L'un des buts de ce livre est de dissiper les doutes qui pourraient subsister dans les esprits.

Je vais essayer ici de faire profiter mon lecteur de ma laborieuse quête de la vérité concernant ce paradoxe et donc expliquer pourquoi la prédiction initiale d'Einstein de 1905 est bel et bien correcte.

Il est important également de comprendre que la relativité restreinte suffit à dénouer le paradoxe[2]. Nous allons voir comment.

1. Cette question n'était d'ailleurs pas évoquée dans les cours des classes préparatoires aux grandes écoles des années 1980 (je peux en témoigner) et dans les rares cas où il en était fait mention, la réalité physique du phénomène était presque toujours niée ou éludée. Aujourd'hui la relativité (même restreinte) n'est plus du tout enseignée en classes préparatoires : ce constat alarmant ne fait que confirmer le déficit d'enseignement dont pâtit actuellement cette théorie majeure.
2. Le terme « paradoxe » est en fait impropre car il n'y aucune contradiction logique dans les prédictions relativistes qui nous semblent paradoxales uniquement parce qu'elles heurtent le sens commun.

> Paradoxe des horloges[1]

On dit parfois que les horloges en mouvement retardent par rapport à des observateurs fixes. Cet énoncé n'est pas faux mais il est ambigu et peut conduire à des paradoxes.

Faisons le raisonnement rapide suivant.

Une horloge *O'* est en mouvement par rapport à une horloge *O* identique. Donc *O'* retarde par rapport à *O*. Mais on peut dire aussi que l'horloge *O* est en mouvement par rapport à l'horloge *O'* : donc *O* retarde par rapport à *O'*. Qui retarde par rapport à qui ?

En fait il n'y a aucune contradiction et le paradoxe n'est qu'apparent. L'explication est la suivante.

La relation entre intervalles de temps propre et impropre n'est valable que pour deux événements et deux seuls. L'ambiguïté provient ici de ce que l'on considère **quatre événements et non deux.**

En effet, prenons l'horloge *O* fixe dans le référentiel galiléen *R* et l'horloge *O'* fixe dans le référentiel *R'* animé de la vitesse $\vec{v}$ par rapport à *R*.

On peut dire que l'horloge *O'* est une source périodique d'événements et un observateur près de *O'* peut mesurer l'intervalle de temps propre entre deux événements (deux passages consécutifs du balancier à la même position). L'observateur près de l'horloge *O*, considérant les mêmes événements précédents (les deux passages consécutifs du balancier de *O'*) mesurera un intervalle de temps impropre donc plus grand que celui mesuré par l'observateur qui se trouve près de *O'*.

Maintenant si nous considérons deux passages consécutifs à la même position du balancier de l'horloge *O*, nous avons deux nouveaux événements qui n'ont rien à voir avec les deux précédents. Pour ces deux nouveaux événements, la relation entre intervalles de temps propre et impropre s'applique également sans qu'il y ait contradiction.

> Temps propre* d'une particule (ou d'un voyageur)

Considérons une particule animée d'un mouvement quelconque (non nécessairement rectiligne uniforme) avec une vitesse $\vec{v}(t)$ par rapport au référentiel galiléen *R*. On peut dire cependant que sa translation est rectiligne

1. Cette section est tirée du livre *Mécanique relativiste* de J.-P. Durandeau, Masson, 1980.

et uniforme pour de petits intervalles de temps. Une horloge associée à la particule indique un intervalle de temps $d\tau$: c'est un intervalle de temps propre.

Soit dt l'intervalle de temps correspondant dans R : dt est un intervalle de temps impropre.

On peut donc écrire $dt = \dfrac{d\tau}{\sqrt{1-\dfrac{v^2}{c^2}}}$.

D'où :

$$\tau - \tau_0 = \int_{t_0}^{t} \sqrt{1-\frac{v(t)^2}{c^2}}\, dt \qquad v(t)^2 = (\frac{dx}{dt})^2 + (\frac{dy}{dt})^2 + (\frac{dz}{dt})^2$$

τ est appelé le **temps propre** d'une particule.

Prenons un exemple concret.

Nous avons au départ côte à côte deux horloges synchronisées au point O du référentiel galiléen R. On pose (par convention) $\tau_0 = t_0 = 0$.

Si l'on fait parcourir à l'une des deux horloges (marquant le temps propre τ) une trajectoire quelconque (à la vitesse v) qui démarre de O et se termine également en O, la formule s'écrit :

$$\tau = \int_{0}^{t} \sqrt{1-\frac{v(t)^2}{c^2}}\, dt \qquad (1.2)$$

Donc si on compare les temps τ et t indiqués par les deux horloges, l'horloge « partie en balade » retarde à son retour par rapport à l'horloge restée fixe. Cette prédiction figurait déjà dans l'article mémorable d'Einstein de 1905.

Si l'on se place du point de vue de l'horloge « partie en balade », pourquoi ne peut-on pas appliquer le même raisonnement, puisque dans ce cas c'est l'horloge restée immobile qui est animée d'un mouvement par rapport à la nouvelle référence ?

La raison tient simplement au fait que la nouvelle référence, l'horloge qui fait sa boucle aller-retour, n'est pas un repère galiléen : elle subit deux accélérations, l'une à l'aller, l'autre au retour. Remarquons que ce n'est pas l'intensité des accélérations qui importe ici, mais bien l'asymétrie fondamentale impliquée par le repère non galiléen.

Dans ces conditions, la formule ci-dessus ne peut s'appliquer si on intervertit les points de vue. C'est bien l'horloge « partie en balade » qui à son arrivée retardera par rapport aux horloges restées fixes et le raisonnement est parfaitement cohérent.

> Dans l'espace-temps, conformément à la métrique de Minkowski, un trajet quelconque reliant deux points est toujours plus court (en termes d'intervalle espace-temps) que la ligne droite. Une ligne droite (ou géodésique) dans cet espace est la ligne d'univers d'un corps sur lequel n'agit aucune force, donc qui est immobile ou se déplace à vitesse constante.

On peut dire pour enfoncer le clou que la réalité physique de la relativité du temps est une évidence pour tout relativiste authentique car le temps propre dépend de la ligne d'univers parcourue, c'est-à-dire de la trajectoire empruntée pour aller d'un point donné à un autre dans l'espace-temps.

Insistons sur le fait que cette prédiction est correcte et que, à partir du moment où nous n'avons pas à prendre en compte des effets gravitationnels, la relativité restreinte convient parfaitement et s'applique à n'importe quel mouvement de l'horloge.

L'effet est bien réel : à partir de 1971, des vérifications directes du paradoxe furent possibles. Des avions de ligne embarquèrent des horloges atomiques tandis que des horloges similaires synchronisées restaient au sol et l'écart fut en bon accord avec la théorie de la relativité (des corrections complémentaires liées à la relativité générale ont également été mesurées). Ces **expériences de type Hafele-Keating*** sont décrites en détail au chapitre 4.

La formule (1.2) de la page précédente redonne celle plus classique de dilatation des durées dans le cas où la vitesse v est constante. Nous nous y référerons par la suite pour comparer les durées pour tout type de mouvement.

> Paradoxe des jumeaux classique*

Venons-en à présent au fameux paradoxe des jumeaux.

Le jumeau voyageur reviendra plus jeune que son jumeau sédentaire pour la même raison que l'horloge partie en balade. En effet la relativité restreinte implique que le temps biologique (celui ressenti pour des êtres vivants) ne peut être distinct du temps physique (pour des horloges) : il suffit pour cela de raisonner à partir des battements de cœur de chaque jumeau.

La prédiction de la relativité restreinte indiquera que le **nombre de battements de cœur** du jumeau voyageur sera moindre que celui du jumeau sédentaire.

C'est donc bien le jumeau qui fait l'aller-retour qui reviendra plus jeune.

Pour déterminer les âges respectifs de nos jumeaux, il suffit d'utiliser la formule (1.2) précédemment explicitée pour les horloges. Elle s'applique **quel que soit le mouvement du jumeau voyageur**, qu'il soit accéléré ou non.

Comme pour les horloges, le paradoxe naît de l'apparente symétrie entre les jumeaux. En réalité, le jumeau voyageur doit nécessairement accélérer ou décélérer et son âge à l'arrivée est donc nécessairement inférieur à celui du jumeau sédentaire dont le référentiel est inertiel.

Donnons quelques petits exemples concrets en fonction de la vitesse du voyage pour bien fixer les idées. Nous tenons compte ici uniquement de l'effet du mouvement par rapport à un référentiel supposé inertiel. Nous ignorerons donc pour les deux premiers exemples l'effet de la gravitation ainsi que l'**effet Sagnac*** qui seront détaillés un peu plus loin dans ce livre (notamment au chapitre 4).

Le rapport de l'intervalle de temps impropre (mesuré dans le référentiel d'inertie de l'horloge immobile) à l'intervalle de temps propre (entre deux battements de l'horloge déplacée) est donné par :

$$\frac{1}{\sqrt{1-\frac{v^2}{c^2}}} \approx 1+\frac{v^2}{2c^2}$$

Il s'ensuit que la différence entre la durée du voyage pour le jumeau sédentaire et celle pour le jumeau voyageur est donnée par :

$$\Delta t - \Delta t_0 = \Delta t_0 \times \frac{v^2}{2c^2}$$

La formule précédente[1] ne s'applique qu'aux vitesses faibles devant celle de la lumière pour lesquelles l'approximation linéaire $(1 + x)^n \sim 1 + nx$ s'applique au premier ordre en x.

1. Nous négligeons ici les phases d'accélération et de décélération, les ordres de grandeur obtenus restant valables.

> *Exemple 1*

Supposons que l'un des deux jumeaux fasse une randonnée de 6 heures à la vitesse moyenne de 3,6 km/h. Le voyage dure environ 10 000 secondes et la vitesse est voisine de 1 m/s.

À son retour, le jumeau voyageur est plus jeune que son jumeau sédentaire de 6×10^{-14} seconde, soit **0,06 picoseconde**.

Cet écart, quoique ayant un sens physique[1], est trop faible pour pouvoir être mesuré aujourd'hui avec nos horloges les plus précises.

> *Exemple 2*

Supposons que l'un des deux jumeaux aille de Paris à San Francisco (10 heures pour chaque aller) en empruntant un avion de ligne à la vitesse moyenne de 1 000 km/h.

À son retour, le jumeau voyageur est plus jeune que son jumeau sédentaire de **31 nanosecondes** (ou milliardièmes de seconde).

Cet écart quoique très faible est mesurable à l'aide d'horloges atomiques. Les expériences de type Hafele-Keating décrites au chapitre 4 correspondent tout à fait à ce cas.

> *Exemple 3*

Supposons que dans un futur lointain l'un des deux jumeaux fasse à travers l'espace interstellaire un aller-retour de deux ans à 90 % de la vitesse de la lumière.

Nous devons utiliser ici la formule non approximée aux vitesses faibles :

$$\Delta t - \Delta t_0 = \Delta t_0 \times \left(\frac{1}{\sqrt{1 - \frac{v^2}{c^2}}} - 1\right)$$

1. Ces durées ont un sens physique car elles sont supérieures à la plus petite durée explicable par nos meilleures théories actuelles, qui est le temps de Planck, soit 10^{-43} seconde. Le temps de Planck est le temps qu'il faudrait à un photon dans le vide pour parcourir une distance égale à la longueur de Planck. Comme celle-ci est la plus petite longueur mesurable, et la vitesse de la lumière la plus grande vitesse possible, le temps de Planck est la plus petite mesure temporelle ayant une signification physique dans le cadre de nos théories présentes.

À son retour, le jumeau voyageur sera donc plus jeune que son jumeau sédentaire d'environ **31 mois**.

> *Exemple 4*

Supposons que chacun des deux jumeaux fasse un aller-retour de même durée propre et à même vitesse.

Dans ce cas, chacune des horloges déplacées (attachée à chacun des jumeaux) aura un taux d'avancement identique[1], c'est-à-dire décalé de façon égale par rapport à une horloge de référence « au repos ».

En conséquence au retour de leur voyage respectif, les jumeaux auront toujours le même âge qu'au départ (l'un par rapport à l'autre) mais tous deux auront mesuré un temps plus court pour leur voyage que les habitants de leur lieu de départ.

> **Paradoxe des jumeaux classique et espérance de vie**

On entend encore parfois que les voyages sont un élixir de jeunesse puisque le temps s'écoule moins vite d'après la relativité.

C'est une erreur de raisonnement car, selon le principe de relativité, les lois de la nature doivent rester inchangées dans tous les référentiels d'inertie. L'espérance de vie humaine mesurée dans chacun de ces référentiels sera à ce titre non modifiée.

Ce que nous dit la relativité, c'est que, à la manière de la science-fiction, les voyages dans l'espace nous permettent de nous déplacer dans le futur de ceux que nous avons quittés. À notre retour, nous constaterons qu'ils auront vieilli davantage que nous, sans que l'espérance de vie de chacun en soit affectée.

Bien sûr, ces voyages sont essentiellement théoriques car nous sommes très loin de pouvoir réaliser de tels périples à des vitesses qui entraîneraient des effets physiques perceptibles sur les âges respectifs.

1. Ce résultat n'est valable que si le voyage de chacun des jumeaux s'effectue par rapport à un référentiel d'inertie. En effet, si par exemple chacun de nos voyageurs parcourt en sens inverse (à la même vitesse) la circonférence d'un disque en rotation, celui parti dans le sens de la rotation reviendra plus jeune que l'autre, bien que la durée du voyage soit identique pour chacun d'eux. Voir l'annexe A pour une explication détaillée.

En revanche, comme ce petit livre le démontre sans ambages, les horloges à bord des satellites GPS font quotidiennement de petits bonds similaires dans le temps, à ceci près que comme nous le verrons, ce sont les usagers au ras du sol dont le rythme des horloges « ralentit » en comparaison et non celui de nos intrépides voyageuses.

2.
Détour insolite par la relativité générale

[*Quand j'ai été assis sur une chaise au Bureau des brevets, à Berne, en 1907*] *me vint l'idée la plus heureuse de ma vie : le champ gravitationnel n'a qu'une valeur relative, à la manière du champ électrique engendré par l'induction magnétoélectrique. Parce que pour un observateur tombant en chute libre du toit d'une maison, il n'existe — du moins dans son voisinage immédiat — aucun champ gravitationnel. Si d'ailleurs cet observateur laisse tomber des corps, ceux-ci restent par rapport à lui dans un état de repos ou de mouvement uniforme, et cela indépendamment de leur nature physique ou chimique (en ignorant bien sûr ici la résistance de l'air). Cet observateur a donc le droit de se considérer au repos.*

Einstein

* 2.1. Principes de la relativité générale

La relativité générale va faire apparaître notre discours précédent sur la relativité restreinte comme un peu plat.

Nous allons voir pourquoi.

Après avoir proposé sa théorie de la relativité restreinte en 1905, Einstein s'est presque aussitôt naturellement posé la question suivante : n'est-il pas possible d'étendre le principe de relativité, qui stipule que tous les référentiels d'inertie sont équivalents pour exprimer les lois de nature, aux référentiels animés d'un mouvement quelconque ?

Cela peut paraître perdu d'avance si l'on remarque que lorsque nous nous trouvons à bord d'une voiture qui accélère ou décélère, nous subissons un mouvement en avant ou en arrière qui semble nous autoriser à attribuer une sorte de réalité physique absolue aux mouvements non uniformes, en contradiction avec notre principe de relativité.

La théorie de la relativité générale repose sur les deux principes suivants :

- tous les référentiels (accélérés ou non) sont équivalents pour exprimer les lois de la nature ;
- principe d'équivalence : dans n'importe quel petit référentiel en chute libre, n'importe où dans notre univers doté de gravité, les lois de la physique doivent être identiques à celles d'un référentiel d'inertie dans un univers sans gravité.

Le principe d'équivalence fut pour la première fois énoncé et appliqué par Einstein dans son article mémorable de 1907 mais il ne prit conscience qu'en 1912 que les forces de marée, qu'il avait négligées jusqu'ici dans sa vision d'un espace plat[1], sont une manifestation de la courbure de l'espace-temps et qu'en conséquence toute particule libre sur laquelle n'agit aucune force (sinon la gravité) se déplace le long d'une géodésique de l'espace-temps courbe.

1. Un espace plat est un espace dans lequel les axiomes de la géométrie euclidienne s'appliquent.

2.2. Principe d'équivalence et espace plat

L'expérience par la pensée de l'ascenseur d'Einstein reste sans conteste l'un des traits marquants de son génie.

En énonçant dès 1907 le principe d'équivalence tout en conservant le cadre de la relativité restreinte et son espace plat, Einstein va déduire la prédiction correcte concernant le décalage gravitationnel des fréquences (appelé **effet Einstein***) et, sans la calculer, la déviation des rayons lumineux au passage d'une masse pesante. Avant d'entrer dans les détails, décrivons ici brièvement sa démarche. À cette époque, Einstein n'a pas encore pris conscience que la véritable solution pour la relativité générale impliquait d'abandonner la géométrie euclidienne. La métrique de Minkowski nécessaire à la relativité restreinte décrit un espace plat, donc conforme aux axiomes de la géométrie euclidienne (en particulier deux droites parallèles dans un tel espace ne se coupent jamais). Cette première approche va se révéler malgré tout fructueuse et correcte en première approximation pour le décalage des fréquences. En revanche, la prédiction sur la déviation des rayons lumineux (qu'Einstein détaillera dans son article de 1911) sera incorrecte quantitativement, car, le raisonnement s'effectuant dans un espace plat, la valeur prédite est en fait identique à celle de la physique newtonienne, lorsqu'on attribue au photon une masse inerte non nulle par rapport à la Terre $h\mu/c^2$, c'est-à-dire égale à la moitié de la valeur exacte.

Le raisonnement d'Einstein en 1907 pour établir la prédiction sur le décalage gravitationnel des fréquences est le suivant.

On considère un corps animé d'un mouvement uniformément accéléré, ascenseur ou disque en rotation. La relativité restreinte prédit un décalage des fréquences entre les horloges attachées au corps en mouvement et celles restées au sol (immobiles par rapport à notre référentiel d'inertie). D'après le principe d'équivalence, nous sommes autorisés à remplacer le corps en mouvement accéléré par un corps immobile placé dans un certain champ gravitationnel. La loi trouvée doit s'appliquer non seulement au potentiel gravitationnel correspondant au cas particulier considéré, mais aussi, en vertu du principe de relativité, à tous les champs de gravitation en général. Le principe d'équivalence nous fournit donc un procédé même dans l'espace plat pseudo-euclidien de la relativité restreinte pour inférer l'influence du champ de gravitation sur les horloges.

Il est important de voir que ce principe d'équivalence repose sur l'**égalité constatée entre masse pesante et masse inerte**[1] : tous les corps, quelle que soit leur masse et indépendamment de la matière qui les compose sont accélérés de façon identique. Un morceau de bois ou un morceau de plomb tomberont également vite dans un champ de gravitation, s'ils sont lancés avec la même vitesse initiale.

L'un des mérites de la relativité générale est d'avoir trouvé une explication élégante à cette coïncidence troublante que Newton n'avait fait que constater, en interprétant la gravitation non plus comme une force additionnelle mais comme une simple propriété géométrique (la courbure) de l'univers.

* 2.3. Effet gravitationnel et paradoxe des jumeaux bis

Nous allons détailler le calcul en ce qui concerne le décalage gravitationnel des fréquences en nous basant non pas sur un ascenseur (ce qui fut en gros la méthode d'Einstein dans son article de 1907) mais sur un disque en rotation. La démonstration dans ce cas est encore plus simple.

Considérons un disque en rotation de rayon R sur lequel nous plaçons une horloge en périphérie (qui tourne donc avec le disque à la vitesse $R\Omega$).

Le rapport des fréquences entre l'horloge en mouvement et l'horloge immobile est donné par la formule (1.2) de dilatation relativiste (entre intervalles de temps propre et impropre) approximée aux vitesses faibles :

$$\frac{F}{F_0} = 1 - \frac{(R\Omega)^2}{2c^2}$$

Soit $\Delta\Phi$ la différence de potentiel de la force centrifuge entre le lieu occupé par l'horloge et le centre du disque. Elle est déterminée à partir du travail[2] compté négativement qu'on doit fournir contre la force centrifuge (mv^2/r) pour transporter l'horloge jusqu'au centre.

1. La masse inerte est la résistance qu'un corps oppose à une variation de sa vitesse tandis que la masse grave ou pesante correspond au poids du corps mesuré par une balance. La loi de la dynamique newtonienne stipule que $m_i\vec{\gamma} = m_p\vec{g}$, mais il n'y a pas de raison *a priori* pour que ces deux masses soient identiques. C'est la constatation par l'expérience que l'accélération g ne dépend pas de la masse des corps qui implique l'identité. Ce fait est aujourd'hui établi avec une grande précision.
2. Le potentiel gravitationnel est indépendant de la masse car il caractérise l'état du champ gravitationnel en un point donné.

On a :

$$\Delta\Phi = -\frac{1}{m}\int_0^R \vec{F}.d\vec{r} = -\int_0^R r\Omega^2 dr = -\frac{(R\Omega)^2}{2}$$

On en déduit :

$$\frac{F}{F_0} = 1 + \frac{\Delta\Phi}{c^2}$$

Le décalage relatif en fréquence est donc donné par :

$$\frac{F - F_0}{F_0} = \frac{\Delta\Phi}{c^2}$$

Une horloge en périphérie aura donc un taux de marche décalé par rapport à une horloge au centre (immobile). Or le principe d'équivalence nous autorise à considérer que l'horloge en périphérie du disque est en réalité immobile et placée dans un certain champ de gravitation, la différence de potentiel gravitationnel entre les deux horloges étant $\Delta\Phi$. En vertu du principe de relativité, la formule ci-dessus doit être valable pour tous les champs de gravitation.

Donc le décalage relatif en fréquence entre une horloge à la surface d'un corps sphérique de masse M et de rayon R et une horloge « à l'infini » ou suffisamment éloignée de tout corps sera donné par :

$$\frac{F - F_0}{F_0} = -\frac{GM}{Rc^2} \quad (2.1)$$

Nous nous référerons par la suite à la formule ci-dessus pour comparer des horloges placées dans des champs gravitationnels différents : dans ce cas plus général, le membre de droite est alors égal à la différence entre les deux potentiels gravitationnels divisée par c^2.

Insistons sur le fait que ce décalage des fréquences (qu'on qualifie souvent à juste titre d'**effet Einstein**) n'est **pas analogue à un simple effet Doppler***, les horloges sont bel et bien affectées.

Le fait qu'une horloge au bas d'une tour retarde par rapport à celle placée plus haut n'est pas relatif : les observateurs en bas et en haut tombent d'accord sur la même conclusion[1].

Supposons qu'un jumeau séjourne durant une semaine à une altitude h de 5 000 mètres tandis que son jumeau reste au niveau de la mer.

1. La situation est donc différente de celle de deux horloges en mouvement rectiligne uniforme l'une par rapport à l'autre : dans ce cas, chaque observateur « voit » l'horloge en mouvement retarder par rapport à sa propre horloge.

Le décalage relatif en fréquence entre une horloge à l'altitude h et une horloge au sol est donné par :

$$\frac{\Delta f}{f}=\frac{GM}{c^2}(-\frac{1}{R+h}+\frac{1}{R})$$

Dans la formule ci-dessus, G est la constante de gravitation universelle et M la masse de la Terre.

En remarquant que $g = GM/R^2 = 10$ m/s^2 et que h est petit devant R (6 378 km), le décalage relatif en fréquence devient :

$$\frac{\Delta f}{f}=\frac{gh}{c^2}$$

Après calcul, le décalage relatif en fréquence est environ de 10^{-13} pour chaque kilomètre d'altitude.

À son retour au niveau de la mer, le jumeau descendu de sa montagne sera plus vieux (sa montre avancera) de :

$$24 \times 3\,600 \times 7 \times 5 \times 10^{-13} \approx 302 \text{ nanosecondes}$$

Nous appellerons **paradoxe des jumeaux bis*** ce décalage temporel sur les horloges (donc sur des jumeaux) prédit par la relativité générale et qui traduit l'influence de la gravitation et non celle du mouvement comme pour le paradoxe des jumeaux classique.

* 2.4. Principe d'équivalence et espace courbe

En tant qu'ami et aîné, je vous déconseille ce projet car, premièrement, il n'aboutira pas ; et même s'il aboutit, personne ne vous croira.

Planck[1]

Le but de ce petit livre est d'expliquer l'essentiel des effets relativistes à prendre en compte pour le GPS sans recourir à l'attirail habituel un peu intimidant de la relativité générale. Pour cette dernière on se contente de la prédiction

1. Propos rapportés par Einstein lui-même : le physicien Max Planck (l'un des pères de la physique quantique) formula ces conseils à Einstein en 1913 après que celui-ci lui décrivit ses travaux en cours sur la relativité générale (non encore achevée). Cet échange entre Planck et Einstein est mentionné en page 235 du livre d'Abraham Pais cité en bibliographie. Cette erreur de jugement n'empêcha pas Planck de saluer plus tard l'accomplissement d'Einstein en ce qui concerne la relativité générale comme l'un des plus grands exploits de l'esprit humain. Planck fut aussi l'un des tout premiers parmi les physiciens de renom à reconnaître l'importance des articles d'Einstein de 1905 sur la relativité restreinte.

sur les horloges qu'Einstein présente dans son article de 1907. Néanmoins, il nous faut fournir une explication minimale sur le raisonnement qui le conduit à opter pour un espace-temps courbe à partir de 1912.

Le principe d'équivalence entre mouvement accéléré et champ de gravitation n'est valide que localement. En effet un astronaute tombant en chute libre vers la Terre (les pieds devant) serait soumis à une force de gravitation un peu plus faible à sa tête qu'à ses pieds et la direction de cette force pointe vers le centre de la Terre, donc elle varie légèrement en direction du côté droit au côté gauche de l'astronaute. L'astronaute en chute libre ressent par conséquent des effets résiduels liés à la gravité, qu'on appelle « forces de marée gravitationnelles ». Nous voyons bien que le principe d'équivalence ne peut être valide que pour des référentiels en chute libre « suffisamment » petits.

Que signifie une courbure pour un espace-temps ?

En fait **force de marée** et courbure de l'espace-temps sont exactement la même chose.

On peut définir la courbure de l'espace-temps comme une propriété de l'espace-temps qui conduit des particules en chute libre suivant des lignes d'univers initialement parallèles à se rapprocher ou à s'écarter, en contradiction avec les règles de la géométrie euclidienne.

Un exemple simple d'espace courbe à deux dimensions est la surface d'une sphère en imaginant que le seul déplacement possible a lieu sur cette surface.

L'espace plat de la relativité restreinte est décrit par la métrique de Minkowski : $ds^2 = dx_1^2 + dx_2^2 + dx_3^2 - dx_4^2$ (dx_4 étant l'intervalle temporel).

Pour un espace-temps courbe, la métrique (qui définit l'élément de distance entre deux événements) est plus compliquée et devient en notation d'Einstein[1] : $ds^2 = g_{ik}\, dx_i\, dx_k$.

Où il faut sommer par rapport aux indices i et k et par rapport à toutes les combinaisons 11, 12… jusqu'à 44.

Les g_{ik} ne sont plus des constantes mais des fonctions des coordonnées et dépendent de la matière-énergie. Cette nouvelle métrique décrit la courbure

1. La notation d'Einstein consiste à omettre le signe de sommation qui est donc implicite et permet ainsi de simplifier l'écriture.

de l'espace-temps. Dans un tel univers, l'axiome des parallèles de la géométrie d'Euclide (« Par un point donné extérieur à une droite, il passe toujours une parallèle à cette droite et une seule ») n'a plus cours.

Avec la relativité générale, on peut dire que le contenant dépend du contenu. C'est la matière-énergie qui dicte ses propriétés géométriques à l'univers.

On peut résumer la relativité générale de façon laconique par l'équation : [Courbure] = [Matière et Énergie]

La matière « dit » à l'espace-temps comment se courber, et l'espace-temps « dit » à la matière comment se mouvoir.

L'espace-temps n'existe plus a priori, indépendamment de son contenu. On peut donc dire qu'un espace-temps vide de matière-énergie n'existe pas.

Sans entrer dans les détails, nous pouvons donner ici deux raisons importantes qui ont poussé Einstein à généraliser la relativité restreinte pour y inclure la gravitation et réussir ainsi le tour de force de dépasser la théorie newtonienne.

Tout d'abord dans la loi de la gravitation universelle de Newton, la force exercée par une masse agit en $1/r^2$. Or nous savons que, conformément à la relativité restreinte, les distances vues par des observateurs en mouvement les uns par rapport aux autres ne se conservent pas. Cela signifie que, dans le cadre de la relativité restreinte, la force de gravitation exercée par un corps de masse donnée est mal définie.

Un autre argument semble avoir joué un rôle déterminant dans le cheminement de la pensée d'Einstein. Si un observateur attaché à un disque tournant mesure la circonférence, il obtiendra, en vertu de la contraction des longueurs prédite par la relativité restreinte, une valeur inférieure. La contraction des distances n'a lieu que dans le sens du mouvement, ce qui signifie que notre observateur solidaire du disque mesurera toujours R pour le rayon du disque. Il s'ensuit que la circonférence du disque vue par notre observateur tournant n'obéira plus à la géométrie euclidienne puisque le rapport de la circonférence au rayon ne sera plus égal à 2π.

Or le principe d'équivalence nous autorise à considérer que le point de vue de notre observateur tournant est identique à celui d'un observateur immobile placé dans un certain champ de gravitation. Nous en déduisons que les axiomes de la géométrie euclidienne ne sont plus valables en présence d'un champ de gravitation.

* 2.5. Étoiles noires et trous noirs

Voici pour le **trou noir*** une définition typique qu'il n'est pas rare de rencontrer dans les encyclopédies : *Le trou noir est un astre tellement dense et compact que rien ne peut s'en échapper, même pas la lumière.*

Quoique fréquente, cette définition n'est pas correcte : il est important de distinguer le concept newtonien de trou noir, qu'on doit qualifier plutôt d'« étoile noire », envisagé par Mitchell et Laplace au XVIIIe siècle, du concept relativiste qui est une région très particulière de l'espace-temps vide de toute matière compacte. Le trou noir est donc bien nommé (son appellation nous vient du physicien John Archibald Wheeler qui l'utilisa pour la première fois à l'automne 1967), ce n'est pas un astre compact. Il correspond à une implosion permanente (correspondant typiquement au stade ultime d'une étoile massive) qui conduit à une singularité[1].

L'article d'Einstein de 1939 n'est pas faux[2] : il cherche à exclure l'existence des trous noirs mais ce qu'il prouve, c'est simplement qu'il existe dans une région donnée une masse limite au-delà de laquelle aucun objet compact ne peut exister.

En cette même année, Oppenheimer montre qu'il existe une masse critique au-delà de laquelle l'implosion de l'étoile devient inévitable, dès lors que les sources de la fusion thermonucléaire sont épuisées.

Le concept d'implosion finale (vers une singularité) était très choquant pour la plupart des physiciens de l'époque[3] et très éloigné des étoiles noires du XVIIIe siècle et c'est probablement pour cette raison qu'Einstein (avec d'autres) n'a pas anticipé leur existence.

Pour les physiciens du XVIIIe siècle, une étoile noire était une étoile exotique car il s'agissait d'une sphère d'une masse et d'une densité telles que la vitesse

---

1. Région de l'espace-temps où la courbure devient infinie (telle que prédite par la relativité générale). En fait, c'est une zone où les lois de la relativité générale cessent de s'appliquer et doivent être remplacées par une théorie de la gravitation quantique qui reste à inventer.
2. L'article d'Einstein de 1939 « *On a stationary system with spherical symetry consisting of many gravitating masses* » portait sur un amas sphérique de particules pour lequel il montrait que la vitesse des particules devait dépasser la vitesse de la lumière lorsque la circonférence de l'amas était plus petite que 1,5 fois la circonférence critique.
3. Kip Thorne au chapitre 3 « découverte et rejet des trous noirs » (p. 138-142) de son livre *Trous noirs et distorsions du temps* cité en bibliographie donne une explication similaire à la mienne (mais plus détaillée) sur le fossé important entre le concept d'étoile noire du XVIIIe siècle et celui de trou noir prédit par la relativité générale ainsi que sur la très forte résistance des physiciens de l'époque à l'idée d'implosion.

de libération pour un tel astre était supérieure à la vitesse de la lumière. Donc aucun rayon de lumière ne pouvait s'en extraire, leur trajectoire retombant toujours vers la surface. Un tel objet était donc invisible à partir d'une certaine distance mais rien n'interdisait (au moins par la pensée) de se poser sur cet astre dont la structure était certes inhabituelle, mais qui pouvait encore être catalogué parmi les étoiles singulières. Avec la relativité générale, le concept de trou noir est radicalement différent puisqu'il ne correspond plus à un astre extrêmement dense et compact mais au lieu d'une implosion jusqu'à un territoire à la courbure extrême.

Pour bien comprendre la spécificité du trou noir, voici tout d'abord la représentation de la courbure engendrée par une planète telle que la Terre (sans prétendre fournir une vue géométrique parfaitement fidèle).

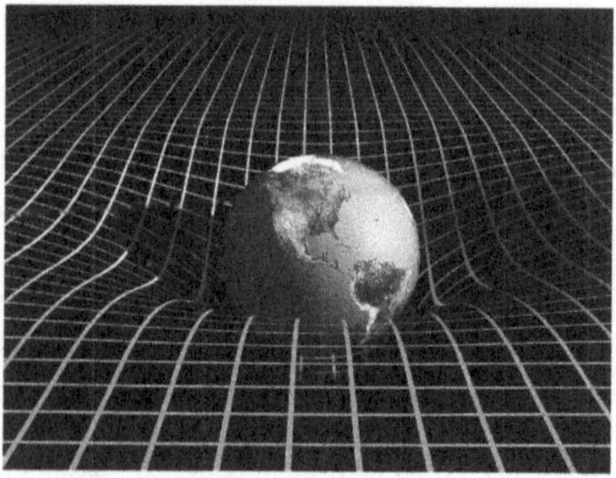

Figure 2. Diagramme de plongement[1] pour une planète

Que devient une telle représentation dans le cas d'un trou noir ?

La figure qui suit nous permet de visualiser la courbure engendrée par un tel « objet ».

1. Diagramme où l'on visualise la courbure d'une surface à deux dimensions en la plongeant dans un espace plat à trois dimensions fictif (appelé hyperespace).

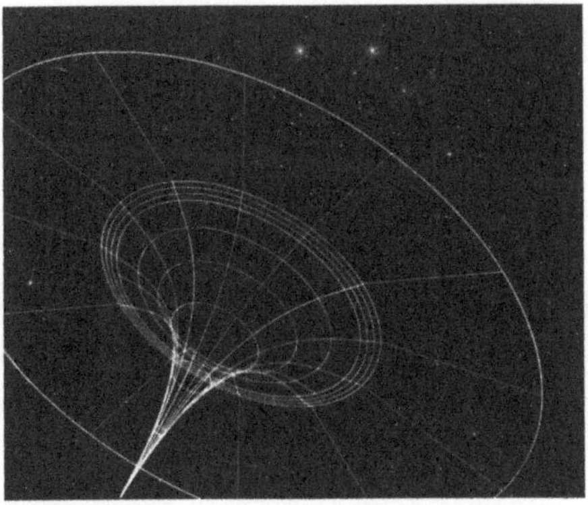

Figure 3. Diagramme de plongement d'un trou noir

Nous constatons qu'avec un trou noir il n'existe plus aucun corps compact sur lequel nous pourrions éventuellement nous poser.

In fine, voici une définition correcte du trou noir[1] (dans le cadre de la relativité générale) : *le trou noir est une région de l'espace-temps* à la courbure telle que rien ne peut s'en échapper, même pas la lumière.

Aujourd'hui on pense qu'au cœur de chaque galaxie (aussi bien les **quasars***
que la Voie lactée) se niche un trou noir (actif ou non). Sans la relativité générale, nous serions tout simplement incapables d'expliquer de quoi sont faites toutes les galaxies. Cette théorie constitue un outil essentiel pour comprendre et expliquer l'univers qui nous entoure, même si comme toutes les théories, elle n'est qu'une étape intermédiaire dans notre inlassable tentative d'élucider la totalité du monde physique.

Pour illustrer à quel point les préjugés sont tenaces en ce domaine, il suffit de comparer les définitions de « trou noir » que l'on trouve (mai 2011) dans les versions anglaise et française de Wikipedia sur la toile.

Voici la définition du trou noir pour le Wikipedia anglais : *A black hole is a region of space from which nothing, not even light, can escape.*

Cette définition est presque bonne : il aurait fallu remplacer « *space* » by « *space-time* ». La différence est néanmoins d'importance : pour des raisons

1. La définition du trou noir donnée ici n'est valable que dans le cadre strict de la relativité générale. On sait que la physique quantique autorise les trous noirs à s'évaporer dans certaines conditions.

pratiques évidentes, on ne représente que la courbure de l'espace mais en fait c'est bien le tissu spatio-temporel des quatre dimensions enchevêtrées (de la relativité restreinte) qui est courbé par la matière-énergie.

Voici la définition du trou noir pour le Wikipedia français : *En astrophysique, un trou noir est un corps extrêmement dense dont le champ gravitationnel est si intense qu'il empêche toute forme de matière ou de rayonnement de s'en échapper.*

Cette définition est lourdement erronée et correspond à celle de l'étoile noire du XVIIIe siècle, pas à celle du trou noir du XXe siècle.

Cela nous rappelle au passage que la version anglaise de Wikipedia n'est pas du tout la simple traduction de la version française. Dans le cas de la relativité, force est de constater que la version anglaise est ici meilleure (plus exacte) que sa contrepartie française.

Certes Wikipedia est un outil communautaire en évolution constante qui doit être exploité avec précaution. Toutefois les erreurs constatées ici traduisent bel et bien certaines idées fausses persistantes et sont intéressantes à décrypter.

3.
Prenons du bon temps avec les horloges atomiques

L'horloge est une belle invention pour rappeler l'heure des repas.

Diogène le Cynique

✻ 3.1. Exactitude et stabilité d'une horloge

> Qu'est-ce qu'une horloge ?

Quel que soit le dispositif, on peut définir une horloge comme un système constitué de deux parties :

un **oscillateur** (qui fournit un rythme régulier) et un **compteur** (qui affiche le nombre de cycles).

Pour un cadran solaire, on peut dire (même si la définition ci-dessus s'applique surtout aux horloges mécaniques) que l'oscillateur est fourni par le mouvement apparent du Soleil du fait de la rotation de la Terre autour de son axe tandis que le cadran lui-même (style compris) sert de compteur.

Pour une horloge à quartz, l'oscillateur est un cristal qui vibre à une fréquence connue tandis que le compteur est un circuit électronique qui affiche l'heure.

L'échappement est le système de régulation des horloges (qui permet d'avoir des tic-tac réguliers).

> **Exactitude**

L'exactitude en fréquence d'une horloge ($\Delta f/f$) est sa capacité à « battre » exactement la seconde (donc à donner l'heure juste si elle a été initialisée à la bonne heure).

Deux causes peuvent rendre une horloge inexacte : soit elle n'a pas été mise à la bonne heure, soit son taux d'avancement est faux (elle avance ou elle retarde).

On utilise souvent comme mesure de cette exactitude le décalage temporel de l'horloge à l'issue d'une journée de fonctionnement.

Par exemple une horloge atomique mise à l'heure juste qui a une exactitude en fréquence de 10^{-14} affichera au bout d'une journée une erreur de $86\,400 \times 10^{-14}$ secondes, soit environ 0,9 nanoseconde.

Dans la suite de cet ouvrage, sauf mention particulière, j'utiliserai les termes précision et exactitude de façon interchangeable.

> **Stabilité**

La stabilité en fréquence d'une horloge est sa capacité à maintenir un taux d'avancement constant (qui peut être correct ou non).

Par exemple une horloge qui retarde d'une minute à la fin d'une journée, de deux minutes au bout de deux jours, de trois minutes au bout de trois jours et ainsi de suite est qualifiée de stable en fréquence, même si elle n'est pas très précise.

En racontant comment au fil du temps les horloges sont devenues des monstres de précision, nous allons comprendre à quel point la citation de Diogène est désormais à contretemps et dans la foulée pourquoi les horloges ont nourri abondamment le progrès des connaissances et contribué régulièrement aux avancées technologiques.

* 3.2. Une brève histoire du temps en passant par les horloges

Figure 4. Un exemple de cadran solaire

> Quelle heure est-il ?

La façon de répondre à cette question a varié au cours des siècles et nous allons tenter dans ce paragraphe de narrer succinctement l'histoire des horloges terrestres jusqu'à ce jour, en retraçant le gain progressif en précision. Le petit résumé historique se limitera à cet aspect (qui est le plus important pour le présent ouvrage).

Notons tout d'abord que, sans disposer d'instruments d'aucune sorte, à l'exception de ses propres yeux, l'homme préhistorique se basait probablement déjà sur les mouvements du soleil et les ombres changeantes au sol pour mesurer grossièrement le temps. La précision obtenue était au mieux de l'ordre de l'heure.

Nous ne parlerons pas ici des horloges à fluide, c'est-à-dire les clepsydres (qui sont apparues il y a 3 400 ans chez les Égyptiens), les sabliers et les bougies graduées, qui servaient surtout à mesurer des durées et que je ne compterai donc pas parmi les horloges.

> *Étape 1* **Les gnomons (styles verticaux)**
(3 500 ans avant Jésus-Christ environ)

La longueur de l'ombre projetée donnait une indication de l'heure.

> *Étape 2* **Les cadrans solaires à style vertical**
(2 000 ans avant Jésus-Christ)

Le mouvement du soleil d'est en ouest durant le jour projette une ombre sur le cadran et la longueur ou l'angle de l'ombre indique l'heure. Le plus ancien cadran solaire préservé est égyptien et remonte à 800 ans avant Jésus-Christ.

La précision était de l'ordre de la dizaine de minutes.

> *Étape 3* **Les horloges mécaniques avec échappement à foliot et roue de rencontre** (1300)

C'est au début du XIVe siècle qu'apparaissent les toutes premières horloges mécaniques, c'est-à-dire dont l'oscillateur est artificiel.

Le foliot était une tige oscillant horizontalement et bloquant à intervalles réguliers la chute d'un poids entraînant une roue dentée. Ce n'est qu'au XVIIe siècle que ces horloges furent munies de cadrans et d'aiguilles. Jusque-là, il n'y avait qu'une cloche pour marquer chaque heure.

La précision était de l'ordre de 15 minutes par jour (donc médiocre puisqu'en fait légèrement inférieure à celle fournie par un cadran solaire par jour ensoleillé) et il fallait remettre à l'heure ces horloges à midi en s'aidant d'un cadran solaire. Par contre elles offraient l'avantage de pouvoir fonctionner par tout temps et de nuit comme de jour.

> *Étape 4* **Les cadrans solaires à style polaire**
(fin du XVe siècle en Europe)

Les cadrans à style polaire ne font pas spécialement gagner en précision mais ils sont universels : leur tracé, très simple, ne dépend pas de la latitude du lieu, le style et la table du cadran étant parallèles à l'axe de rotation de la Terre. En conséquence, la direction de l'ombre à une heure donnée du jour est constante indépendamment des saisons.

La précision était au mieux de l'ordre de 5 minutes par jour.

> *Étape 5* **Les horloges mécaniques à pendule** (1656)

Le premier vrai gain en précision pour l'heure est obtenu avec l'horloge à pendule inventée par Huygens en 1656 (qui utilisait encore un échappement à roue de rencontre). L'idée originale est de Galilée en 1580 (qui remarqua que la période d'un pendule ne dépend que de sa longueur). Son fils Vincenzo imagina un premier dispositif en 1642 mais la fabrication de la première horloge revient à Huygens.

La précision était alors de l'ordre de 15 secondes par jour.

L'amélioration très nette par rapport à tous les instruments précédents permit à l'astronome danois Römer de montrer dès 1676 que la vitesse de la lumière est finie[1]. Il mesura pour cela le décalage dans le début des éclipses des satellites galiléens de Jupiter (Io notamment) en fonction de l'éloignement de la Terre par rapport à Jupiter. Tous les six mois, la Terre se retrouve de l'autre côté du Soleil par rapport à Jupiter dont la distance au Soleil n'a pratiquement pas varié puisque cette planète met 12 ans à en faire le tour. Au cours de sa révolution autour du Soleil, la Terre s'éloigne donc de Jupiter au maximum de deux fois le rayon de son orbite, soit environ 300 millions de kilomètres. Pour une vitesse de la lumière de 300 000 km/s, on arrive à un retard de propagation de la lumière égal à 1 000 secondes, soit un peu plus de 16 minutes.

L'écart mesuré par Römer était de l'ordre de 15 minutes et c'est bien le gain en précision obtenu grâce à l'horloge à pendule qui rendit possible cette découverte.

> *Étape 6* **Les cadrans solaires sont corrigés par l'équation du temps** (1660)

Prise en compte de l'**équation du temps*** qui donne pour un jour donné de l'année l'excès (positif ou négatif) du **temps solaire moyen*** sur le **temps solaire vrai*** (qui peut atteindre 16 minutes) : la courbe est parfois tracée à côté du cadran.

---

1. Les observations de Römer lui permirent effectivement de conclure que la vitesse de la lumière est finie. Le premier à avoir interprété les décalages dans le début des éclipses des satellites galiléens de Jupiter comme une preuve du caractère fini de la célérité de la lumière fut en fait Cassini mais il revint sur ses affirmations initiales en préférant d'autres explications. Römer quant à lui ne proposa pas d'estimation pour la vitesse de la lumière car les incertitudes sur la distance Terre-Soleil étaient trop grandes à l'époque. *A posteriori*, en prenant pour cette distance la valeur de 150 millions de kilomètres, on arrive à une estimation proche de 214 000 km/s, ce qui, pour toute première valeur, est loin d'être médiocre.

Qu'est-ce que le Soleil moyen ?

Un soleil fictif se déplaçant à vitesse constante sur une orbite circulaire contenue dans le plan équatorial.

Le gain en précision obtenu grâce aux horloges à pendule permit rapidement de constater que l'écart de temps avec un cadran solaire pouvait atteindre jusqu'à 16 minutes (en avance ou en retard) suivant le jour de l'année.

Cet écart (appelé équation du temps) résulte de l'effet combiné de l'inclinaison de l'axe de rotation de la Terre et de l'excentricité de son orbite (elliptique au lieu de circulaire) autour du Soleil.

L'excentricité de l'orbite réelle de la Terre a pour conséquence que l'ombre projetée du style du cadran solaire va suivant la période de l'année avancer plus ou moins rapidement (car la vitesse d'une planète décrivant une ellipse augmente lorsque la distance diminue).

L'inclinaison de l'axe de rotation de la Terre a quant à elle pour effet de faire apparaître un mouvement circulaire comme elliptique par projection, d'où là encore une variation de la vitesse dans le mouvement de l'ombre du style.

Des tables de conversion entre le temps indiqué par une horloge à pendule et le temps solaire vrai étaient disponibles dès 1660, soit trois années à peine après que la première horloge à pendule fut construite.

C'est un premier exemple (dans l'ordre chronologique) des découvertes rendues possibles par l'augmentation en précision de notre mesure du temps.

La meilleure précision obtenue était de quelques minutes. Le cadran solaire ne pouvait prétendre atteindre une précision inférieure à la minute à cause d'incertitudes importantes dans son mécanisme. Par exemple l'épaisseur de l'ombre du style induit déjà une erreur non négligeable.

Les cadrans solaires vont continuer néanmoins à se répandre dans toute l'Europe jusqu'au XIXe siècle (surtout dans les campagnes) et seront progressivement supplantés par les horloges à pendule (beaucoup plus précises et utilisables par tout temps). Leur principal intérêt était qu'ils ne se déréglaient jamais et on peut aussi remarquer qu'ils ne manquaient pas de style !

> *Étape 7* **Les horloges mécaniques à pendule et échappement à ancre** (1671)

L'échappement à ancre réduit l'amplitude des oscillations à quatre ou cinq degrés (au lieu de quarante degrés) et rend le dispositif moins sensible aux variations de température.

La précision était de quelques secondes par jour pour les premières horloges de ce type.

Par la suite, le principe de l'horloge à pendule continua à être perfectionné.

Signalons les fameux chronomètres de Harrison (les premiers datent de 1761) dont la précision remarquable était de quelques secondes par mois et qui étaient destinés aux voyages en mer (donc étaient insensibles au mouvement du navire grâce à leur ingénieuse conception).

Les meilleures horloges à pendule furent finalement celles de Shortt dans les années 1920 dont la précision était de 2 millisecondes par jour mais étaient très encombrantes.

La précision fournie par l'horloge à pendule restera la référence durant 300 ans (depuis son invention) jusqu'à l'avènement des horloges à quartz.

> *Étape 8* **Les horloges à quartz** (1930)

D'abord de la taille d'un réfrigérateur, elles envahissent nos montres dès la fin des années 1960 et deviennent donc très populaires.

Ces horloges exploitent le phénomène de piézo-électricité du quartz : la déformation mécanique résultant de l'application d'une tension électrique ainsi que le fait que chaque lame de quartz possède une fréquence propre d'oscillation naturelle (qui dépend de son épaisseur).

La précision initiale était de l'ordre d'une milliseconde par jour mais est aujourd'hui de l'ordre de la microseconde par jour.

Ce gain en précision va conduire à une découverte importante : les irrégularités dans la vitesse de rotation de la Terre autour de son axe, qui étaient la référence pour la mesure du temps depuis le début.

Le jour terrestre s'est en fait allongé d'une ou deux millisecondes au cours des cent dernières années. Ce ralentissement séculaire est dû à l'interaction entre la Terre et la Lune : la durée du jour n'était que de 22 heures il y a 400 millions d'années. Il existe aussi des variations décennales (quelques millisecondes par jour) dues à des interactions entre le manteau et le noyau terrestres. Enfin il faut ajouter les fluctuations irrégulières (ralentissement ou accélération) provoquées par la circulation des masses d'air voire des courants océaniques (là encore de l'ordre de la milliseconde par jour). La rotation de la Terre (ainsi entachée de variations de l'ordre de la milliseconde par jour) ne pouvant plus servir d'étalon de temps fiable, la définition de la seconde comme la 86 400e partie du jour solaire moyen a été officiellement abandonnée en 1960. On envisagea brièvement de la remplacer par une définition basée sur l'année sidérale, mais c'est la seconde atomique qui s'imposa logiquement en 1967. Le temps des astronomes cédait ainsi la place au temps des physiciens. Les étalons de temps les plus fiables[1] se trouvent au niveau atomique grâce aux propriétés quantiques de la matière, même si on a longtemps cherché ces étalons dans les phénomènes astronomiques.

> *Étape 9* **Les horloges atomiques** (1955)

Les premières horloges utilisent des atomes de césium, atome qui constitue encore actuellement la référence en termes d'exactitude. La toute première horloge à césium fonctionnant en continu date de 1955.

La précision aujourd'hui obtenue est exceptionnelle : inférieure à une nanoseconde par jour, soit un milliardième de seconde par jour (exactitude en fréquence en dessous de 10^{-14}).

La définition de la seconde est la suivante depuis 1967 : *Durée de 9 192 631 770 périodes de la radiation correspondant à la transition entre deux niveaux hyperfins de l'état fondamental de l'atome de césium 133.*

C'est donc en « battant » plus de 9 milliards de fois que notre oscillateur atomique donne la seconde.

Grâce à la précision obtenue, il devenait possible de vérifier les prédictions relativistes sur des horloges macroscopiques (en comparant directement les temps indiqués). Ces horloges gardent une précision d'une nanoseconde au bout d'une journée alors que les écarts temporels mesurés sont de quelques dizaines ou centaines de nanosecondes. La première expérience de ce genre fut celle de Hafele et Keating en 1971 (qui est détaillée au chapitre 4).

1. Les oscillateurs les plus fiables connus aujourd'hui au niveau astronomique sont les pulsars (étoiles à neutrons en rotation rapide). Néanmoins la stabilité en fréquence pour le mouvement des pulsars ne peut soutenir la comparaison avec les horloges atomiques que l'on continue à améliorer.

Aujourd'hui la durée d'une seconde est une grandeur connue avec 14 décimales, de loin l'unité de mesure physique la plus précisément déterminée.

> Le temps universel (UT)

Depuis la fin du XIXe siècle, un temps valable pour toute l'humanité en tenant compte de 24 fuseaux horaires a été adopté.

Le **temps universel*** (UT pour *Universal Time*) est le temps civil local de Greenwich, au niveau du méridien[1] origine. Quand le Soleil passe au méridien origine, il est douze heures en temps universel.

Les temps locaux se déduisent du temps universel par un nombre entier d'heures qui dépend du fuseau horaire considéré.

Pour bien comprendre ce temps universel, faisons un petit exercice.

Comment passer du temps solaire vrai (celui des cadrans solaires) au temps universel puis à celui indiqué par notre montre (temps officiel censé être indiqué par toutes les horloges ou montres du lieu) ?

Nous avons besoin d'appliquer trois corrections successives.

Heure officielle = heure solaire + équation du temps + longitude horaire + 1 heure hiver ou + 2 heures été.

L'offset horaire final correspond au passage à l'heure d'hiver ou d'été en France (dernier dimanche d'octobre ou de mars), ce décalage forcé est dicté par des considérations d'économies d'énergie.

L'équation du temps permet de passer du temps solaire vrai au temps solaire moyen. C'est une valeur positive ou négative suivant la période de l'année.

La correction suivante permet de passer en temps universel.

Un fuseau horaire correspond à 360/24 = 15 degrés, l'écart de temps est de 4 minutes d'heure par degré et de 4 secondes d'heure par minute (de longitude).

1. Un méridien est un grand cercle passant par les pôles.

Pour passer en temps universel, il nous faut déterminer l'écart en longitude avec le méridien de Greenwich puis ajouter l'équivalent horaire de cet écart si on est à l'ouest du méridien, le retrancher si on se trouve à l'est.

Par exemple, si un cadran solaire indique midi à Paris le 17 novembre, l'heure officielle (que votre montre devrait afficher) est donnée par 12 h – 15 min – 9 min 20 s + 1 h = 12 h 35 min 40 s.

On a supposé que l'équation du temps était de 15 minutes le 17 novembre de l'année considérée. Cette équation ne varie pratiquement pas d'une année sur l'autre[1].

La longitude à Paris (comptée à partir du méridien de Greenwich) est de 2°20' E, donc il nous faut retrancher 4 × 2 min + (4 × 20 s) = 9 min 20 s.

Donc en résumé, en ce 17 novembre ensoleillé, le cadran solaire indique midi pile quand votre montre (à l'heure bien sûr) indique 12 h 35 min 40 s !

> Temps atomique international (TAI) et temps universel coordonné (UTC)

Nous en venons à présent à une question cruciale pour ce livre. Comment connaît-on l'heure exacte de référence ? Nous savons que pour le GPS, il nous faut disposer de l'heure la plus précise possible.

Comme nous l'avons vu, la seconde atomique SI (Système international de mesures) a été définie comme 9 milliards de cycles et des poussières correspondant à la transition entre deux niveaux d'énergie hyperfins d'un atome de césium.

> Le **temps atomique international*** (TAI) est celui fourni par des horloges atomiques censées battre la seconde en respectant le plus fidèlement possible ce nombre de cycles correspondant à une seconde.

1. La Terre dans son mouvement autour du Soleil subit l'influence des autres planètes du système solaire, d'où une variation de l'excentricité de son orbite. Dans sa rotation sur elle-même, elle subit par ailleurs l'influence à la fois de la Lune et du Soleil, d'où une variation de son obliquité en inclinaison et en direction : ces phénomènes sont connus sous les noms de nutation en longitude, nutation en obliquité et précession des équinoxes. Typiquement sur 1 000 ans, on peut avoir des écarts de l'ordre de deux minutes dans l'équation du temps.

On utilise un ensemble de 260 horloges atomiques (réparties un peu partout dans le monde) et on détermine une horloge moyenne virtuelle dont l'heure est une pondération de chacune des 260 horloges (on accorde les poids les plus forts aux horloges les plus précises). L'unité de temps de cette horloge virtuelle est réajustée finement en se basant sur des étalons primaires de fréquence. On obtient alors le TAI. La seconde du TAI est typiquement égale à la seconde SI (les 9 milliards de cycles) avec une précision de 4×10^{-15}.

Pour connaître enfin le temps de référence utilisable partout sur Terre, c'est-à-dire le **temps universel coordonné*** (UTC), il reste une dernière étape. Il nous faut caler l'UTC sur le temps lié à la rotation terrestre (UT1) en nous assurant qu'il ne s'en écarte jamais de plus de 0,9 seconde.

Par définition, l'UTC et le TAI étaient synchrones le 1er janvier 1958.

Pour connaître le temps UT1, il nous faut mesurer avec une grande précision l'orientation de la Terre dans l'espace. Pour cela on utilise un réseau interférométrique de radiotélescopes au sol (VLBI) interconnectés quoique distants de plusieurs milliers de kilomètres. En enregistrant les instants précis où les signaux d'un quasar donné (objet très lointain alimenté par un trou noir) sont reçus par chacun des radiotélescopes, il est possible à partir du décalage des temps d'arrivée de déterminer l'orientation du réseau de radiotélescopes par rapport à la direction du quasar, donc celle de la Terre par rapport à ce quasar au moment des observations, la position du quasar étant connue avec grande précision.

Cette méthode permet d'atteindre pour l'orientation de la Terre une précision supérieure à un millième de seconde d'arc, ce qui revient à distinguer depuis la Terre un objet de deux mètres à la surface de la Lune.

Dès que l'écart entre l'UT1 et l'UTC approche de la seconde, on décide d'ajouter ou de retrancher une seconde à l'UTC. L'écart actuel entre l'UTC et le TAI est d'une trentaine de secondes (dites **secondes intercalaires*** ou « *leap seconds* » en anglais).

Jusqu'ici on n'a jamais retranché de seconde intercalaire car d'une part la rotation de la Terre ralentit, d'autre part la définition de la seconde atomique (les 9 milliards et quelques de cycles) est basée sur le temps des éphémérides lui-même déterminé à partir de la durée de l'année tropique 1900. Autrement dit la seconde atomique officielle est un peu trop courte (car la rotation de la Terre a ralenti depuis), ce qui veut dire que même si la rotation de la Terre restait désormais constante, il nous faudrait continuer à ajouter régulièrement des secondes intercalaires. L'origine de la plupart des secondes intercalaires est d'ailleurs imputable à cette seconde trop courte et non au ralentissement de la Terre dans sa rotation.

Cela dit, il s'agit essentiellement d'une convention et nous pouvons très bien nous accommoder de la situation actuelle (il nous suffit d'ajouter un peu plus fréquemment des secondes au temps UTC).

Au final, le BIPM (Bureau international des poids et mesures) **publie chaque mois l'UTC officiel** et les écarts entre les UTCs nationaux (gérés par les 49 centres nationaux répartis sur la planète) et l'UTC dernière version. À charge à chaque centre national d'ajuster son UTC local de façon à ce qu'il ne s'écarte pas de plus de 100 nanosecondes de l'UTC officiel.

Le temps légal (par exemple que vous pouvez entendre au téléphone) est fourni par l'un des UTCs locaux, celui-ci étant nécessairement calé sur l'UTC du BIPM, lui-même identique au temps atomique international à un nombre entier de secondes près.

* 3.3. Comment fonctionne une horloge atomique

Le but de ce livre n'est pas d'initier le lecteur à la physique quantique mais à la relativité du temps.

Néanmoins une petite explication sur le fonctionnement de base d'une horloge atomique est indispensable.

Grâce à la physique quantique, nous savons que l'analogie entre un atome entouré d'électrons qui orbitent autour du noyau et un système planétaire (avec l'étoile au centre) n'est pas exacte. Il faut imaginer les électrons comme non localisés précisément, et d'autre part seules certaines orbites sont autorisées car les électrons ne peuvent se trouver que dans des niveaux d'énergie discrets : l'énergie de l'atome est **quantifiée**.

Pour faire passer un électron d'un niveau d'énergie A à un niveau d'énergie B plus élevé, il faut lui communiquer une énergie exactement égale à la différence entre les deux niveaux. Pour cela, on se sert d'une onde électromagnétique car son énergie est proportionnelle à la fréquence. Le niveau d'énergie fondamental de l'électron externe de l'atome de césium est en fait composé de seize **états hyperfins**[1] qui correspondent aux interactions entre les moments magnétiques de l'électron et du noyau. Ces niveaux d'énergie sont très proches, d'où le qualificatif « hyperfins ». Il est néanmoins possible de provoquer la transition hyperfine d'un état à l'autre en communiquant à l'électron l'énergie nécessaire (la fréquence de transition est de 9 193 mégahertz pour l'atome de césium 133).

On peut résumer le principe de fonctionnement d'une horloge à jet de césium de la façon suivante :

> Le temps est obtenu en comptant le nombre de cycles de la fréquence d'un oscillateur micro-ondes à quartz que l'on accorde (par un système d'asservissement) avec la fréquence naturelle de transition entre deux états hyperfins de l'atome de césium 133 (égale en gros à 9 193 mégahertz).

Le fait de pouvoir compter jusqu'à près de 10 milliards de fois à l'intérieur de la seconde donne la précision formidable de ce type d'horloge. Détaillons un peu plus le fonctionnement de cette horloge.

Soient A et B les deux niveaux d'énergie hyperfins du césium 133 qui nous intéressent.

Un jet d'atomes de césium 133 est produit par un four chauffé à 100 degrés Celsius, les seize états hyperfins étant répartis uniformément parmi ces atomes. Les atomes dans l'état A sont déviés par un aimant et subissent un rayonnement micro-ondes[2] fourni par l'oscillateur à quartz et dont la fréquence est la plus proche possible de celle de la transition hyperfine (vers l'état B). Les atomes ayant effectivement subi la transition de A vers B sont envoyés vers un détecteur qui émet un courant dont l'intensité est proportionnelle au nombre d'atomes se trouvant dans

---

1. Quelques précisions sur les états atomiques hyperfins. Dans un même niveau quantique principal, la théorie quantique prédit l'existence d'une série de sous-niveaux correspondant à des états quantiques dégénérés qui vont être créés par les diverses interactions physiques au sein de l'atome. Ces sous-niveaux sont à l'origine de la structure hyperfine observée pour certains atomes.
2. En fait le jet de césium reçoit deux impulsions micro-ondes identiques de part et d'autre de la cavité de résonance (dite de Ramsey) : la première impulsion met les atomes dans un état fantomatique (qui est une superposition quantique des deux états hyperfins A et B) et la deuxième impulsion finit le travail en les expédiant dans l'état B.

l'état B. La fréquence de l'oscillateur à quartz est ajustée de façon à rendre l'intensité du courant maximale[1], ce qui permet de la stabiliser au plus près de la fréquence naturelle de transition hyperfine (9 192 631 770 Hz).

Les cycles de l'oscillateur stabilisé sont ensuite comptés par des moyens électroniques pour afficher l'heure précise.

1. Le mécanisme de l'horloge atomique est fondée également sur l'**émission stimulée** par un photon incident : l'atome se désexcite, autrement dit l'électron revient au niveau d'énergie inférieur, en émettant un photon dans la même direction que le photon incident. En soumettant le jet d'atomes de césium à un rayonnement micro-ondes dont l'énergie correspond à la transition entre deux états hyperfins, l'émission stimulée va entraîner d'autres transitions en cascade. Si la taille de la cavité qui renferme les atomes est adaptée, on a alors un phénomène de résonance qui se traduit par une amplification du signal. C'est Albert Einstein en 1917 qui le premier expliqua l'émission stimulée qui ouvrit la voie aux lasers et aux horloges atomiques.

4.
Faisons un tour avec Hafele et Keating

Il faudrait en réalité dire que l'horloge mobile présente ce retard à l'instant précis où elle touche, mouvante encore, le système immobile et où elle va y rentrer. Mais aussitôt rentrée, elle marque la même heure que l'autre (il va de soi que ces deux instants sont pratiquement indiscernables).

Bergson[1]

* 4.1. Histoire des vérifications de la relativité du temps

Les tests de la relativité (surtout ceux de la relativité générale) dans leur ensemble sont restés longtemps (jusqu'au début des années 1970) très limités. Cette situation a certainement contribué à renforcer l'image d'une théorie un peu ésotérique issue d'un exploit quasi solitaire et offrant peu de prises aux expérimentateurs sans réelle perspective d'application concrète. Les meilleurs millésimes de nos constructions théoriques révèlent toutefois

1. Ce jugement de Bergson est extrait de son livre *Durée et simultanéité* de 1922 entièrement consacré à la relativité restreinte. Le philosophe français affirme que les horloges ne seront pas décalées si on fait faire un aller-retour à l'une des deux. L'expérience de Hafele et Keating de 1971, qui fut la première à prouver qu'il y a bien décalage conformément à la relativité, est l'objet de ce chapitre. Ce qui est grave dans le cas de Bergson est qu'il cherche à plier la théorie à ses préjugés alors qu'il aurait dû simplement reconnaître que les prédictions de la relativité restreinte (à l'époque non encore vérifiées) entraient en conflit avec ses propres conceptions.

souvent leur puissance après de longues années de maturation et la relativité se classe parmi ces grands crus qui ne se dévoilent pas facilement et qui ne s'apprécient réellement... qu'avec le temps.

Voyons donc quelles ont été jusqu'ici les vérifications majeures de cette surprenante relativité du temps, rappelées ici chronologiquement.

> Expérience d'Ives et Stilwell (1938)

L'expérience d'Ives et Stilwell consistait à mesurer l'effet Doppler du second ordre, propre à la relativité car en v^2/c^2 et indépendant du sens de la vitesse. On qualifie également ce phénomène d'effet Doppler transverse car il est observable même dans le cas où la vitesse de la source est perpendiculaire à la direction d'observation. Ives et Stilwell furent en fait les premiers en 1938 à isoler le terme relativiste (correspondant à la dilatation des durées) en mesurant le décalage des fréquences pour une vitesse donnée dans les deux sens, rapprochement et éloignement alignés avec l'observateur. En physique classique, la moyenne des deux fréquences décalées observées est égale à la fréquence « au repos ». En revanche, la relativité prédit un décalage résiduel qui est identique dans les deux sens (puisque fonction du carré de la vitesse). Einstein fut le premier à prédire cet effet dans son article fondateur de 1905. Signalons qu'Ives fut toute sa vie un détracteur de la relativité et interpréta son expérience comme une preuve de la théorie de Larmor et Lorentz (qui préservait l'idée d'un temps absolu). La précision obtenue par Ives et Stilwell était de l'ordre de 1 %. Depuis cette expérience initiale, de nouvelles mesures (2007) ont permis de vérifier la prédiction relativiste avec une précision[1] meilleure que 10^{-9}.

> Mesure de la durée de vie de particules radioactives (1941)

L'expérience consista en 1941 à comparer les flux de muons cosmiques à des altitudes différentes. Ces particules sont créées en permanence dans la haute atmosphère à une vitesse proche de c par l'interaction des rayons cosmiques. La durée de vie moyenne des muons (de 2 microsecondes) mesurée par un observateur terrestre est augmentée par la dilatation des durées, d'où un flux de muons plus élevé aux altitudes basses. L'expérience fut essentiellement

1. Les précisions indiquées dans ce paragraphe sont conformes à celles du livre d'Éric Gourgoulhon cité en bibliographie.

qualitative en 1941 et le test quantitatif eut lieu en 1963. Depuis, on a pu vérifier dans les accélérateurs de particules le même effet avec une précision de 1 pour 1 000.

> Expérience de Pound et Rebka (1959)

La première expérience à vérifier l'effet Einstein (décalage gravitationnel des fréquences vers le rouge) fut celle de Pound et Rebka qui consista à mesurer le décalage en fréquence entre le haut et le bas d'une tour[1]. Le décalage vers le rouge (en termes de longueur d'onde) signifie que la fréquence de tout phénomène périodique diminue lorsque la gravitation est plus forte. L'accord entre les mesures et la prédiction théorique était correct à 10 % près et fut amélioré en 1965 (précision de 1 %).

Bien sûr la prédiction relativiste implique également un décalage entre les temps réels indiqués par des horloges ayant effectué un aller-retour entre deux points ou placées dans des champs gravitationnels différents. Einstein lui-même ne pensait pas possible de mesurer de tels écarts jugés trop infimes par rapport aux horloges de l'époque.

> Expériences de type Hafele-Keating (à partir de 1971)

En fait la première horloge atomique à fonctionner en continu voit le jour en 1955, année de la disparition d'Einstein et ouvre la voie (grâce à sa précision formidable) aux expériences de type Hafele-Keating qui débutent en 1971 (que nous détaillerons un peu plus loin). La précision obtenue pour l'expérience initiale était de l'ordre de 10 %.

D'autres vérifications eurent lieu par la suite, notamment celle de Alley (1975) dont la précision était de l'ordre de 1 % et dont l'objectif principal était de mesurer l'effet Einstein.

1. L'expérience consiste à émettre depuis le sommet d'une tour des photons vers un récepteur situé au pied, les atomes de l'émetteur étant identiques à ceux du récepteur. Si la fréquence des photons incidents correspond exactement à l'énergie de transition des atomes du récepteur, on assiste à un phénomène de résonance (transitions en cascade). Pour atteindre la résonance, il est nécessaire de compenser l'effet gravitationnel en éloignant avec la bonne vitesse l'émetteur du récepteur en exploitant l'effet Doppler ainsi créé (qui agit en sens inverse). La vitesse ainsi ajustée permet de déduire le décalage gravitationnel des fréquences prédit par la relativité générale.

Ces expériences permettent de démontrer directement que le temps absolu doit être abandonné. On pouvait toujours tenter de sauver cette idée en arguant que la dilatation des durées n'était qu'un phénomène apparent analogue à l'effet Doppler classique (qui ne se traduit par aucun effet résiduel sur les horloges lorsque le mouvement cesse).

Le décalage observé conformément aux prédictions a permis de trancher au-delà du doute raisonnable.

> **Expérience de Vessot et Levine (1976)**

Cette expérience (appelée aussi Gravity Probe A) est un raffinement de celle de Pound et Rebka et consista à embarquer une horloge atomique à bord d'une fusée afin de mesurer le décalage gravitationnel des fréquences. La prédiction relativiste fut vérifiée avec une précision meilleure que 1 pour 10 000.

> **Vérifications grâce au système GPS (à partir de 1977)**

Même si ce n'est pas son but, le GPS constitue en fait une vérification en continu des prédictions de la relativité pour ce qui concerne le décalage temporel entre horloges embarquées et horloges au sol[1]. Les deux effets (mouvement et gravitation) sont à prendre en compte pour le fonctionnement du GPS.

Le GPS sert également de référence pour la synchronisation des horloges à la surface de la Terre. Comme nous le verrons plus loin dans ce livre, l'**effet Sagnac** (qui est un cas particulier de dilatation des durées) est impérativement à prendre en compte à chaque fois que l'on transmet un signal vers une horloge atomique à régler au sol depuis un satellite GPS.

1. Ce test n'est pas tout à fait équivalent à une expérience de type Hafele-Keating car les temps indiqués par les horloges ne sont pas comparés directement avec les horloges « côte à côte ».

* 4.2. Estimations théoriques sur les écarts entre horloges

En octobre 1971, les Américains Joseph Hafele et Richard Keating conduisirent la première expérience ayant pour but de vérifier les prédictions relativistes sur des horloges macroscopiques et en conséquence de comparer directement les temps indiqués entre des horloges embarquées et des horloges restées au sol.

Les expériences antérieures (que nous avons détaillées au paragraphe précédent) avaient certes permis de mesurer la dilatation du temps mais ces résultats impliquaient-ils vraiment que les temps mesurés par des horloges macroscopiques seraient eux-mêmes décalés comme conséquence du mouvement ou de la gravitation ?

Hafele et Keating furent les premiers en 1971 à montrer que le paradoxe des jumeaux impliquait bel et bien un jumeau voyageur plus jeune à son retour que son jumeau sédentaire. Les **expériences de type Hafele-Keating** ont pour objet de comparer directement les temps indiqués par des horloges et donc de mesurer des effets réels prédits par la relativité.

L'expérience consista à faire voler un ensemble de 4 horloges atomiques au césium 133 (qui battaient la seconde au rythme de 9 192 631 770 Hz conformément à la définition officielle de la seconde depuis 1967) sur deux avions commerciaux effectuant un tour complet de la Terre[1], se dirigeant l'un vers l'est (voyage de 41 heures), l'autre vers l'ouest (voyage de 49 heures), en suivant approximativement une ligne équatoriale.

À leur retour, le temps moyen indiqué par les 4 horloges ayant voyagé vers l'est et celui indiqué par les 4 horloges ayant voyagé vers l'ouest furent comparés au temps moyen indiqué par les horloges du USNO (United States Naval Observatory), les écart-types étant également pris en compte.

Voyons comment calculer les prédictions relativistes sur les temps indiqués par les horloges.

1. Avec 3 changements d'avion et 12 escales pour le voyage vers l'est, 2 changements d'avion et 13 escales pour le voyage vers l'ouest.

Nous devons raisonner par rapport au référentiel **ECI*** (*Earth Centered Inertial*) : il s'agit d'un référentiel avec pour origine le centre de la Terre qui se déplace avec elle autour du Soleil mais qui ne tourne pas autour de l'axe de rotation de la Terre (sinon il ne serait pas inertiel).

Pour un avion volant vers l'est, nous compterons $+v$ sa vitesse par rapport à la Terre. Pour un avion volant vers l'ouest, nous la compterons $-v$.

En conséquence, un avion sera animé de la vitesse $R\Omega + v$ par rapport au référentiel ECI (v étant positif ou négatif suivant la direction), R étant le rayon terrestre à l'équateur et Ω la vitesse de rotation de la Terre.

Remarquons que nous pouvons ici utiliser la formule newtonienne de composition des vitesses car nous pouvons négliger les termes d'ordre supérieur à v^2/c^2.

Le rapport de l'intervalle de temps propre (entre deux battements d'une horloge embarquée) à l'intervalle de temps impropre (mesuré dans le référentiel ECI) est donné par la formule (1.2) de **dilatation relativiste** que l'on peut approximer aux vitesses faibles :

$$\sqrt{1-\frac{(R\Omega+v)^2}{c^2}} \approx 1-\frac{(R\Omega+v)^2}{2c^2}$$

Le décalage relatif en fréquence entre une horloge embarquée et une horloge hypothétique au repos dans l'ECI est donc donné par :

$$\frac{\Delta f}{f}=-\frac{(R\Omega+v)^2}{2c^2}$$

De manière analogue, le décalage relatif en fréquence entre une horloge à l'équateur (au repos par rapport à la Terre) et une horloge hypothétique au repos dans l'ECI est donné là encore par la formule de dilatation relativiste (entre intervalles de temps propre et impropre) approximée aux vitesses faibles :

$$\frac{\Delta f}{f}=-\frac{(R\Omega)^2}{2c^2}$$

Le décalage relatif en fréquence entre une horloge embarquée et une horloge de référence à l'équateur s'obtient en conséquence par simple soustraction des deux quantités précédentes :

$$\frac{\Delta f}{f}=-\frac{v^2}{2c^2}-\frac{vR\Omega}{c^2}$$

À cette correction prédite par la relativité restreinte (conséquence du mouvement), il nous faut ajouter la correction prédite par la relativité générale (conséquence du potentiel gravitationnel).

Le décalage relatif en fréquence entre une horloge placée dans un champ gravitationnel avec le potentiel $\Phi + \Delta\Phi$ et une horloge avec le potentiel Φ est donné par la formule (2.1) :

$$\frac{\Delta f}{f} = \frac{\Delta\Phi}{c^2} = \frac{\Phi - \Phi_{ref}}{c^2}$$

Or notre référence est l'horloge placée à l'équateur pour laquelle le potentiel gravitationnel est *GM/R*, où *G* est la constante de gravitation universelle et *M* la masse de la Terre. Notons *h* l'altitude de l'horloge embarquée (donc celle de l'avion).

Le décalage relatif en fréquence est donné par :

$$\frac{\Delta f}{f} = \frac{GM}{c^2}\left(-\frac{1}{R+h} + \frac{1}{R}\right)$$

En remarquant que $g = GM/R^2$ et que *h* (10 km) est petit devant *R* (6 378 km), le décalage relatif en fréquence devient :

$$\frac{\Delta f}{f} = \frac{gh}{c^2}$$

Au total, le décalage relatif en fréquence entre une horloge embarquée et une horloge de référence à l'équateur est donnée par :

$$\frac{\Delta f}{f} = -\frac{v^2}{2c^2} - \frac{vR\Omega}{c^2} + \frac{gh}{c^2}$$

Il nous faut un dernier raffinement dans nos corrections : en pratique le vol ne peut se faire exclusivement le long d'une ligne équatoriale. Il est donc nécessaire de tenir compte de la latitude λ : le rayon équatorial *R* doit être remplacé par $R \cos \lambda$.

Finalement, le décalage relatif en fréquence entre une horloge embarquée et une horloge de référence au sol à la latitude λ est donnée par :

$$\frac{\Delta f}{f} = -\frac{v^2}{2c^2} - \frac{v\Omega R\cos\lambda}{c^2} + \frac{gh}{c^2}$$

La formule ci-dessus est en fait également valable quelle que soit la latitude de l'horloge au sol bien que la Terre soit un ellipsoïde (le rayon terrestre n'est pas constant suivant la latitude). La latitude de l'horloge au sol n'importe pas car on peut montrer que, à la surface du géoïde terrestre, toutes les horloges restent synchronisées (au relief près). Il y a en effet compensation presque parfaite entre les deux effets relativistes : à la latitude λ, la vitesse est plus faible (rayon plus court) mais la gravitation est plus forte.

Soit Δt le temps écoulé pour l'horloge embarquée (depuis le début du voyage) et Δt_0 le temps écoulé pour l'horloge au sol (dont la latitude n'importe pas).

Lorsqu'on compare les deux horloges à l'issue du voyage (effectué à la latitude λ), la prédiction relativiste (qui fut celle utilisée par Hafele et Keating) est donnée par :

$$\Delta t = \Delta t_0 (1 - \frac{v^2}{2c^2} - \frac{v \Omega R \cos \lambda}{c^2} + \frac{g\,h}{c^2})$$

Remarquons que l'une des originalités de cette expérience est que, à cause d'un terme proportionnel à v dans la correction relativiste, l'écart mesuré va varier sensiblement selon la direction empruntée par l'avion. En fait, les horloges ayant voyagé vers l'est accuseront un retard par rapport aux horloges au sol, tandis que celles ayant voyagé vers l'ouest seront en avance à leur retour.

La correction relativiste liée au mouvement (dilatation des temps) se décompose en deux termes : l'un proportionnel à v^2/c^2, que l'on qualifie souvent d'effet Doppler du second ordre (bien qu'il ne s'agisse pas d'un pur effet Doppler qui ne serait qu'apparent), l'autre proportionnel à v/c^2 et qui est par conséquent dépendant de la direction du voyage. Ce dernier terme est l'**effet Sagnac** que nous détaillerons dans l'annexe A. En pratique, il faut distinguer les différences phases du plan de vol, chacune caractérisée par une altitude et une latitude puis sommer les prédictions en utilisant la formule ci-dessus, ce que firent effectivement Hafele et Keating.

Pour un exemple simple d'application numérique, mon lecteur pourra utiliser les valeurs suivantes (assez proches de celles correspondant à l'expérience de Hafele et Keating) et calculer la valeur prédite pour un voyage à l'équateur : v = 830 km/h, $R\Omega$ = 1700 km/h, h = 10 km, $c = 3 \times 10^8$ m/s, g = 10 m/s^2.

* 4.3. Résultats des expériences de type Hafele-Keating

Voici les résultats obtenus lors de l'expérience de Hafele-Keating.

Résultats de l'expérience de Hafele et Keating		
Effet relativiste	Est	Ouest
Décalage gravitationnel	+144 ns	+179 ns
Doppler du second ordre	–51 ns	–47 ns
Effet Sagnac	–133 ns	+143 ns
Écart total théorique	–40 ± 23 ns	+275 ± 21 ns
Écart total mesuré	–59 ± 10 ns	+273 ± 7 ns

On constate un bon accord entre les mesures et les prédictions relativistes, tout particulièrement pour le voyage vers l'ouest.

Dans la table ci-dessus, les barres d'erreur pour les écarts théoriques correspondent aux incertitudes sur les paramètres de vol (position et vitesse).

Les écarts mesurés (moyenne et écart-type) ont été obtenus à partir des valeurs enregistrées pour chacune des quatre horloges embarquées[1].

Pour les horloges ayant voyagé vers l'est, les écarts mesurés (en ns) furent $-57, -74, -55, -51$.

Pour celles ayant voyagé vers l'ouest, les écarts mesurés furent $277, 284, 266, 266$.

D'autres expériences furent conduites sur des horloges embarquées après celle, fondatrice, de Hafele et Keating.

Signalons tout particulièrement celle (toujours américaine) de l'université du Maryland en 1975 (expérience de Alley) dont l'objet était de mesurer plus précisément l'effet gravitationnel sur les horloges. L'avion utilisé vola à cinq reprises pour une durée totale de 15 heures. Sa vitesse n'excédait pas 450 km/h et la trajectoire choisie formait un huit : la vitesse réduite

1. Afin de pouvoir les comparer aux estimations théoriques, Hafele et Keating ont en fait corrigé les écarts temporels mesurés en tenant compte d'une part de l'erreur systématique en fréquence de chaque horloge (correspondant à son inexactitude), d'autre part des quelques sauts de fréquence constatés durant le voyage pour chacune des horloges (correspondant à son instabilité). Les valeurs données ici sont les écarts corrigés.

permettait de minimiser l'effet Doppler du second ordre tandis que la forme particulière de la trajectoire éliminait l'effet Sagnac. Les mesures furent encore plus proches des valeurs prédites qu'avec l'expérience de Hafele et Keating.

Une expérience japonaise en 1977 a également permis de vérifier l'effet gravitationnel en comparant deux horloges ayant séjourné pendant une semaine sur deux sites distincts correspondant à des observatoires terrestres dont l'altitude différait de près de 3 000 mètres.

Notons également deux vérifications plus récentes réalisées avec une horloge atomique unique embarquée par une équipe britannique du NPL (*National Physical Laboratory*) : l'une en 1996 commémorant le 25e anniversaire de l'expérience de Hafele et Keating avec un vol aller-retour de Londres à Washington, l'autre en 2010 avec un vol circumterrestre Londres-Los Angeles-Auckland-Hong Kong-Londres.

Dans les deux cas, les mesures furent en bon accord avec les prédictions relativistes.

5. Le GPS sans la relativité du temps

Sans relation à rien d'extérieur, le temps absolu, vrai, mathématique, s'écoule uniformément et s'appelle la durée.

Newton

Dans ce chapitre, nous faisons le choix d'ignorer les effets relativistes à prendre en compte et nous nous attacherons en conséquence au fonctionnement de base du GPS. Dans le cadre d'un temps supposé ici absolu, nous allons décrire comment il est possible de déterminer la position de votre voiture à tout moment.

Le GPS est un système de localisation basé sur un réseau de satellites qui émettent des signaux radio. Il permet de déterminer précisément notre position à n'importe quelle heure, n'importe où dans le monde et quelles que soient (ou presque) les conditions météorologiques.

Le GPS est composé de trois segments :

- le segment spatial est constitué par l'ensemble des satellites spécialement conçus pour le système ;
- le segment de contrôle (ou segment sol) est un réseau de stations au sol qui suivent les satellites et tiennent à jour les informations de trajectoire, les horloges atomiques, ainsi que d'autres paramètres de fonctionnement (en apportant les corrections nécessaires). Les échanges entre satellites et stations ont lieu dans les deux sens ;
- le troisième segment est celui des utilisateurs, civils ou militaires, qui ont accès aux informations transmises par les satellites. Aucun frais direct

n'est perçu pour la réception de ces données. Ces utilisateurs sont en nombre illimité et ne font que recevoir les informations en provenance des satellites. Le récepteur à bord de votre voiture en fait partie.

* 5.1. Petite promenade dans les constellations

Une **constellation** de satellites est un ensemble de satellites évoluant dans l'espace avec une disposition bien déterminée.

Les premiers satellites GPS furent lancés entre 1977 et 1985. Cette première génération dite du bloc I était destinée essentiellement à vérifier la faisabilité du système. Aucun satellite du bloc I ne fonctionne aujourd'hui.

Les satellites de la seconde génération (bloc II) furent mis en orbite à la fin des années 80 et ce sont eux qui assurent le service actuellement[1]. Ils emportent à leur bord plusieurs horloges atomiques et ont une durée de vie typique d'une dizaine d'années. Les modèles les plus récents sont dotés de capacités de communication directe entre satellites GPS et peuvent donc se substituer aux stations au sol en cas d'indisponibilité de celles-ci.

Le système GPS est constitué d'un ensemble de 24 satellites en opération, plus quelques autres de rechange.

Les satellites de la constellation GPS suivent des trajectoires assez proches de cercles, la plus forte excentricité[2] étant voisine de 0,015. Ils sont répartis sur six plans distincts inclinés de 55 degrés par rapport à l'équateur.

Afin de déterminer sa position et de caler son horloge, le récepteur GPS doit traiter les signaux en provenance d'au moins quatre satellites, comme nous l'expliquerons un peu plus loin.

1. Quand le système GPS entra en opération en mars 1990 (block II), des erreurs furent introduites délibérément dans les données de navigation transmises par les satellites afin de limiter la précision des récepteurs GPS non militaires à environ 100 mètres. Elles faussaient les éphémérides et inséraient un bruit d'horloge que seuls les utilisateurs autorisés pouvaient décrypter. Ce dispositif de SA (*Selective Availability*) fut abandonné en mai 2000 et la précision fut ainsi ramenée à moins de 10 mètres.
2. L'excentricité orbitale définit la forme des orbites des objets célestes. Une excentricité nulle correspond à un cercle tandis qu'une valeur inférieure à 1 correspond à une ellipse. Cette valeur est égale à $\sqrt{(a^2-b^2)/a}$, où a et b sont respectivement le demi-grand axe et le demi-petit axe de l'ellipse.

En réalité, le récepteur de votre voiture reçoit fréquemment les signaux d'un nombre plus élevé de satellites (jusqu'à douze) et exploite les signaux redondants pour gagner en précision sur sa position grâce à une méthode des moindres carrés[1].

Chaque satellite orbite à une altitude d'environ 20 000 km et est animé d'une vitesse de l'ordre de 14 000 km/h. La période d'une orbite est en gros de 12 heures et contrairement à une opinion couramment répandue, les satellites GPS n'évoluent pas par conséquent sur des orbites géostationnaires.

Les orbites sont arrangées de façon à ce qu'au moins 4 satellites soient toujours visibles depuis n'importe quel point de la Terre à tout instant (avec jusqu'à 12 satellites visibles en même temps).

Chaque satellite emporte avec lui une horloge atomique qui « bat » avec une précision d'une nanoseconde (1 milliardième de seconde) par jour.

Les satellites GPS plus récents sont équipés de 3 horloges au rubidium[2]. Grâce à cette redondance, la précision est améliorée. En effet, dans le cas où l'une des horloges ne fonctionne plus normalement, l'ordinateur qui exploite l'ensemble détectera un écart et identifiera l'horloge déficiente en la comparant aux deux autres horloges.

Comment a-t-on choisi la configuration des satellites GPS (altitude, inclinaison, nombre) ?

1. L'altitude (environ 20 000 km) conditionne la zone terrestre couverte et la durée pendant laquelle chaque satellite reste visible par un utilisateur au sol. Une altitude trop basse obligerait à déployer un trop grand nombre de satellites pour garantir la couverture de la totalité de la planète par un minimum de quatre satellites en permanence. Une altitude trop élevée contraindrait à augmenter la puissance ainsi que la masse des satellites pour un faible gain en ce qui concerne la zone couverte.

1. La méthode des moindres carrés permet d'estimer les paramètres d'un modèle (linéaire ou non) en minimisant la somme des carrés des erreurs entre les données (en général bruitées) et les paramètres du modèle.
2. Ces horloges fonctionnent en gros sur le même principe que celles au césium à ceci près que la fréquence de l'oscillateur à quartz est accordée sur celle de la transition hyperfine du rubidium 87, qui est de 6 835 mégahertz. Elles sont préférées aux horloges à césium (pourtant plus précises) pour les satellites GPS en raison de leur coût plus faible et de leur volume réduit.

2. Le nombre des satellites requis (24 pour le GPS, 30[1] pour le futur système européen GALILEO[2]) est choisi de façon à tenir les objectifs de performance : quatre satellites au minimum doivent être visibles par un utilisateur terrestre où qu'il soit. Dans les zones urbaines, une visibilité supérieure est indispensable car certains satellites peuvent se trouver masqués par des obstacles divers.
3. L'inclinaison du plan des orbites par rapport à l'équateur (55 degrés) : ce paramètre conditionne la visibilité par les usagers des hautes latitudes.
4. La répartition des satellites dans les différents plans orbitaux : le choix détermine le nombre de lancements requis pour le déploiement complet de la constellation. Le GPS est composé de six plans orbitaux de quatre satellites, ce qui offre la possibilité de lancer plusieurs satellites pour un même plan avec un lanceur unique.

Pour résumer ce paragraphe, voici une représentation correcte de la constellation GPS (avec 24 satellites répartis en 6 plans).

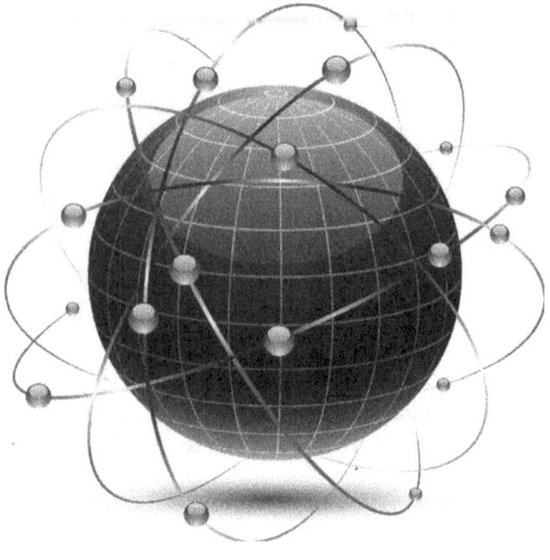

Figure 5. La constellation GPS

1. La configuration des satellites GALILEO sera composée de 30 satellites répartis sur 3 plans orbitaux de 9 satellites + 1 de rechange.
2. Le système GALILEO permettra à l'Europe de se doter d'un système développé, déployé et opéré par des institutions et sociétés civiles, contrairement au GPS qui reste sous le contrôle direct de l'armée américaine.

* 5.2. Temps universel coordonné (UTC) et temps GPS

Alors que la plupart des horloges sur Terre sont réglées sur le temps universel coordonné (UTC), les horloges atomiques à bord des satellites GPS sont réglées sur le **temps GPS*** (géré par le United States Naval Observatory).

La différence est que le GPS n'est pas corrigé régulièrement pour rester en cohérence avec la rotation de la Terre : il ne contient pas les fameuses secondes intercalaires qui sont périodiquement ajoutées à l'UTC.

> Le temps GPS a été synchronisé au départ avec l'UTC en 1980 (il fallait bien définir une origine) mais a divergé depuis.

L'absence de corrections signifie que le temps GPS affiche en permanence un écart avec le temps atomique international (TAI).

TAI – temps GPS = 19 secondes

Si l'écart entre le temps GPS et le TAI ne varie pas, en revanche l'écart entre le temps GPS et l'UTC officiel continue à croître régulièrement à cause des secondes intercalaires (qui permettent de s'aligner sur la rotation de la Terre).

Le message de navigation transmis par chaque satellite aux récepteurs GPS inclut la différence entre le temps GPS et la référence UTC mondiale, qui en 2009 était de 15 secondes.

Les récepteurs GPS doivent retrancher cet offset du temps GPS pour calculer l'UTC. Le champ « offset GPS-UTC » dans le message de navigation peut coder jusqu'à 255 secondes intercalaires, ce qui devrait être suffisant jusqu'à approximativement l'an 2300, sachant qu'une seconde intercalaire est insérée tous les 18 mois environ.

* 5.3. Comment calculer votre position avec trois satellites

Pour calculer sa position (en gros toutes les secondes), le récepteur GPS va utiliser les données de position transmises par les satellites GPS.

Il convient de distinguer les **éphémérides*** et les almanachs.

Un **almanach** donne les positions de tous les satellites avec une précision de l'ordre du kilomètre. Ces données permettent au récepteur d'établir sa première position précise en connaissant à l'avance quels sont les satellites en vue.

Les **éphémérides** sont essentielles : ce sont des tables qui donnent la position des satellites avec une précision de l'ordre du mètre. Chaque satellite ne diffuse que les éphémérides qui le concernent. Un satellite parcourt typiquement 4 mètres en un millième de seconde. Comme la précision voulue pour le positionnement de chaque satellite est de l'ordre du mètre, la solution consiste pour chaque satellite à diffuser une table avec les données permettant au récepteur de calculer la trajectoire du satellite à tout instant, cette table restant valide sur plusieurs heures.

En utilisant des messages en provenance de trois satellites, le récepteur GPS connaît la position de chaque satellite et l'heure à laquelle chacun des messages (contenant la position) a été émis par le satellite. Les composantes x, y, and z de la position et l'heure d'émission sont $[x_i, y_i, z_i, t_i]$, où l'indice i correspond à l'un des trois satellites et prend les valeurs 1, 2 ou 3. Sachant l'heure t_R à laquelle le message a été reçu[1], le récepteur GPS peut calculer la durée de transit du message $(t_R - t_i)$. En supposant que le message a voyagé en ligne droite à la vitesse de la lumière c, la distance entre le satellite et le récepteur est donnée par $(t_R - t_i)\, c$.

Si l'on connaît la distance entre le récepteur GPS et un satellite et la position du satellite, cela implique que le récepteur GPS est situé sur la surface d'une sphère centrée sur la position du satellite. En conséquence, nous savons que, dans le cas idéal où les données ne sont entachées d'aucune erreur, la position du récepteur GPS doit se trouver à l'intersection des surfaces des trois sphères.

L'intersection des surfaces de deux sphères, lorsqu'elle ne se résume pas à un point, est un cercle. L'intersection entre un cercle et la surface d'une sphère se résume à zéro, un ou deux points.

En pratique, trois satellites suffisent presque toujours pour déterminer la position du récepteur car il est en général facile d'éliminer l'un des deux points théoriquement possibles, en tenant par exemple compte du fait que le récepteur doit se trouver sur l'ellipsoïde terrestre ou mieux en se basant sur la dernière position connue.

1. Les signaux des différents satellites en visibilité sont reçus tous ensemble par l'antenne du récepteur, d'où le temps unique de réception t_R.

Les équations des trois sphères sont données par

$$(x-x_i)^2+(y-y_i)^2+(z-z_i)^2=((t_R-t_i)c)^2$$

avec $i = 1, 2, 3$.

Le petit dessin ci-après permet de visualiser aisément l'intersection des trois sphères dans l'espace et les deux points résultants, chaque sphère étant centrée sur un satellite.

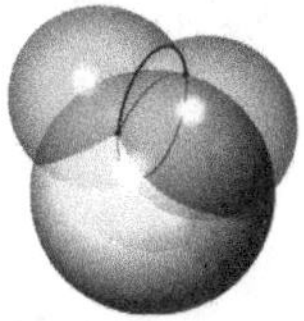

Figure 6. Intersection de trois sphères

En fait, comme nous l'avons déjà indiqué, le récepteur est toujours en visibilité de quatre satellites au moins. La position correcte du récepteur GPS sera donc celle de celui des deux points issus de l'intersection des trois sphères qui est le plus proche de la surface de la quatrième sphère.

Noua allons voir que le quatrième satellite, outre qu'il permet de « sécuriser » la position obtenue avec trois satellites, est indispensable pour déterminer et corriger le décalage temporel de l'horloge du récepteur.

* 5.4. Comment caler l'horloge du récepteur

Nous allons à présent détailler comment calculer l'erreur dont l'horloge du récepteur GPS est nécessairement affublée.

Soit b l'erreur (ou biais), le décalage (avance ou retard) de l'horloge du récepteur par rapport au temps de référence. Il y a un écart significatif car l'horloge du récepteur ne peut pour des raisons évidentes de coût être d'aussi grande précision qu'une horloge atomique.

Le récepteur GPS doit déterminer quatre inconnues, les trois composants de la position du récepteur et le biais de son horloge $[x, y, z, b]$. On raisonne dans le référentiel ECI (*Earth-Centered Inertial*) : il s'agit d'un référentiel d'inertie dont l'origine est le centre de la Terre et qui est fixe (il ne tourne pas avec la Terre, dans le cas contraire il ne serait pas inertiel).

Les équations des différentes sphères (chacune centrée sur la position connue de l'un des quatre satellites) sont données par

$$(x-x_i)^2+(y-y_i)^2+(z-z_i)^2=((t_R+b-t_i)c)^2$$

avec $i = 1, 2, 3, 4$.

On peut reformuler ces équations en termes de **pseudoranges**, qui sont simplement les distances approximatives basées sur le temps indiqué par l'horloge du récepteur GPS (donc non corrigé).

Si on pose $p_i = (t_R - t_i)\, c$.

Les équations s'écrivent alors (avec $i = 1, 2, 3, 4$) :

$$p_i=\sqrt{(x-x_i)^2+(y-y_i)^2+(z-z_i)^2}-bc$$

À partir des mesures reçues de quatre satellites différents, plusieurs méthodes sont possibles pour calculer la position du récepteur GPS ainsi que le biais de son horloge, dont les deux suivantes.

- Le calcul de l'intersection des trois sphères suivi du calcul du biais temporel à l'aide de la mesure provenant du quatrième satellite (par itérations successives jusqu'à convergence).

  Une fois calculée la position du point à partir des trois sphères, on calcule le biais temporel à partir de la distance entre le point obtenu avec la quatrième sphère et celui obtenu avec les trois sphères. Quatre nouvelles sphères sont alors calculées en corrigeant les temps de transit à l'aide du biais temporel et le procédé est répété jusqu'à convergence, c'est-à-dire lorsque le biais temporel permet aux quatre sphères de s'intersecter quasiment en un point unique.

- L'utilisation de la méthode multidimensionnelle de Newton/Raphson afin de résoudre numériquement de façon approchée les 4 équations (à 4 inconnues) ci-dessus.

  En analyse numérique, cette méthode est un algorithme efficace pour trouver des approximations d'un zéro (ou racine pour un polynôme) d'une fonction d'une variable réelle. L'algorithme consiste à linéariser une fonction *f* en un point et à prendre le point d'annulation de cette linéarisation (tangente) comme approximation du zéro recherché. On réitère cette procédure à partir du point de l'approximation obtenue[1].

1. Mon lecteur trouvera aisément sur la Toile une description détaillée de l'algorithme correspondant.

Cette technique est très puissante : dans les cas favorables, le nombre de décimales correctes double à chaque étape. La méthode de Newton se généralise en dimension supérieure, ce qui correspond au cas du GPS : 4 équations à 4 inconnues à résoudre pour déterminer la position du récepteur. L'implémentation de la méthode implique de fixer une borne haute au nombre d'itérations avant convergence et de sélectionner une valeur de départ dans un intervalle suffisamment étroit. Notons que pour le calcul de la position du récepteur GPS, cette condition est aisément remplie car nous savons que la solution est nécessairement proche de la position précédente du récepteur (en général calculée une seconde plus tôt).

Ce qu'il faut retenir de ce qui précède est que l'horloge du récepteur n'a pas besoin d'être très précise car une simple mesure supplémentaire (en plus des trois nécessaires pour la position) suffit à supprimer l'erreur. On parvient ainsi sans difficulté à synchroniser cette horloge avec celles beaucoup plus précises qui sont à bord des satellites GPS.

* 5.5. Pourquoi la relativité a déjà servi une première fois

Il est important de voir que les équations (dites de navigation) du paragraphe précédent font déjà appel à la théorie de la relativité restreinte, puisqu'elles supposent que le signal émis par chaque satellite GPS pourtant animé d'une vitesse conséquente (environ 4 000 m/s ou 14 000 km/h) est toujours c (indépendamment de sa vitesse), c'est-à-dire en gros 300 000 km/s.

La **formule d'additivité des vitesses** à laquelle nous sommes habitués en cinématique newtonienne n'a plus cours en relativité restreinte (voir le paragraphe 1.3).

La cinématique classique nous autoriserait à ajouter ou retrancher au maximum 4 000 m/s à la vitesse c pour obtenir la vitesse de transmission du signal. Cependant nous savons que, conformément à la relativité restreinte, la vitesse de la lumière c dans le vide reste constante dans n'importe quel référentiel galiléen, quelle que soit la vitesse de ce dernier.

Malgré tout, on pourrait se dire que l'erreur ainsi commise est négligeable mais ce n'est pas le cas. Voyons pourquoi.

L'écart de temps entre l'émission du signal par le satellite et sa réception au sol est typiquement 20 000 km/(300 000 km/s), soit 0,07 s.

L'erreur maximale commise correspond à 4 000 m/s × 0,07 s = 280 m.

Par conséquent, l'erreur induite serait de l'ordre au moins de plusieurs dizaines de mètres, incompatibles avec les performances attendues (typiquement de quelques mètres) pour notre système de localisation GPS.

* 5.6. Synchronisation des horloges des satellites

Les horloges à bord des satellites doivent être synchronisées le mieux possible avec la référence qui est le temps GPS.

En pratique toute horloge a tendance à se décaler progressivement par rapport à la référence idéale. Nous ne parlons pas ici des effets relativistes que nous aborderons dans le chapitre suivant mais de l'imprécision et de l'instabilité inhérentes à chaque horloge physique.

Pour pallier cette difficulté, la solution est double.

Les horloges embarquées sur les satellites sont des horloges atomiques de grande précision. L'exactitude en fréquence est de l'ordre de 10^{-14}, ce qui signifie que le décalage au bout d'une journée n'excédera pas un milliardième de seconde.

À l'aide d'un réseau de stations au sol (Segment sol), il est possible à partir des signaux des satellites d'estimer la dérive des horloges embarquées. Les corrections à appliquer aux horloges des satellites sont transmises par les stations au sol à chaque satellite à échéance régulière, c'est-à-dire idéalement une fois par jour.

Une erreur de synchronisation de 3 nanosecondes (milliardièmes de seconde) sur une horloge embarquée conduit à une erreur en position pour le récepteur d'un mètre environ ($c\Delta t$), ce qui constitue la limite autorisée. On voit donc que malgré sa grande précision, une horloge atomique affichera typiquement une erreur de 3 nanosecondes au bout de 3 jours, d'où la nécessité de recaler ces horloges régulièrement (à un intervalle inférieur à trois jours).

Nous verrons que cette resynchronisation quotidienne des horloges embarquées ne suffit toutefois pas à assurer une détermination précise de position par le récepteur du fait des effets relativistes qui deviennent non négligeables au bout d'une minute seulement.

✻ 5.7. Récapitulatif : pourquoi quatre satellites ?

Si l'on fait abstraction (provisoirement) des effets relativistes, nous pouvons résumer comme suit le fonctionnement du GPS et la façon de déterminer la position du récepteur.

Le récepteur a besoin de connaître la position d'au moins trois satellites pour calculer sa position. Un quatrième satellite est indispensable pour corriger l'erreur de l'horloge du récepteur (et permet en outre de sécuriser la position). En pratique, le récepteur GPS dispose souvent potentiellement de la position de plus de 4 satellites : le nombre de satellites visibles peut aller jusqu'à 12 dans les cas favorables.

Les principaux avantages de cette visibilité supérieure à 4 sont les suivants :

- atténuation du risque de masquage : les signaux de certains satellites pourtant en vue peuvent ne pas parvenir au récepteur s'ils sont bloqués par exemple par des immeubles ;
- amélioration de la précision horizontale et verticale : les 4 satellites peuvent être très proches les uns des autres et voisins de la verticale du lieu du récepteur. Dans ce cas, la précision verticale sera bonne mais pas la précision de positionnement horizontale. Ils peuvent aussi être tous très bas sur l'horizon. Dans ce cas, la précision horizontale sera bonne mais pas la précision de positionnement verticale ;
- avec plus de 4 satellites, on peut privilégier les satellites les plus précis par un mécanisme de pondération et améliorer ainsi la précision fournie par chaque satellite individuellement (c'est le principe de la fusion de données) ;
- atténuation du risque des multitrajets : un même satellite peut parvenir au récepteur sous forme de plusieurs signaux portant le même code mais décalés dans le temps car réfléchis par des obstacles. Si l'on dispose d'autres satellites, on peut choisir de ne pas exploiter les données du satellite à multitrajets.

En conclusion, si le récepteur n'avait que 4 satellites au maximum à sa disposition, il ne pourrait pas garantir une précision de positionnement d'un mètre de façon suffisamment régulière, tout particulièrement en environnement urbain.

6.
GPS et relativité du temps

Si nous placions un organisme vivant dans une boîte… on pourrait s'arranger pour que cet organisme, après un temps de vol aussi long que voulu, puisse retourner à son endroit d'origine, à peine altéré, tandis que les organismes correspondants, qui sont restés dans leur position initiale auraient depuis longtemps cédé la place à de nouvelles générations. Car pour l'organisme en mouvement, la grande durée du voyage était un court instant, à condition que le mouvement ait été effectué quasiment à la vitesse de la lumière.

Einstein (1911)

* 6.1. Le premier satellite GPS : l'insolence de la jeunesse

Dans les années 1970, certains militaires (et non des moindres) avaient encore tendance à considérer comme fumeuses les prédictions relativistes sur les distorsions temporelles.

Il existe une anecdote amusante au sujet des corrections de fréquence des horloges atomiques embarquées.

Au moment du lancement du satellite NTS-2 (le 23 juin 1977), qui emportait la toute première horloge atomique au césium et qui servait de satellite GPS prototype, certains ingénieurs doutaient encore de la nécessité de prendre en compte ces effets relativistes jugés fantaisistes. Un synthétiseur de fréquence fut néanmoins monté à l'intérieur de l'horloge atomique de telle sorte que, à l'issue du lancement, le rythme de l'horloge embarquée puisse être ajusté depuis le sol dans l'hypothèse où la prédiction de la relativité générale se vérifierait. Les sceptiques durent se rendre à l'évidence : le rythme de l'horloge dut effectivement être corrigé de la valeur prédite par la relativité. Tout peut se plier certes, mais les faits ne se plient pas si facilement à nos désirs ou croyances !

Nous allons voir dans ce chapitre ainsi que le suivant que la relativité intervient à trois niveaux (tous contraires à l'intuition issue de notre expérience ordinaire) dans le système de localisation GPS :

- l'effet cinématique de dilatation du temps[1] prédit par la relativité restreinte ;
- l'effet de ralentissement gravitationnel du temps prédit par la relativité générale ;
- l'existence des trous noirs (prédits par la relativité générale) qui explique l'extraordinaire luminosité des quasars malgré leur éloignement.

L'un des intérêts de ce livre est de montrer qu'il est possible de dériver en toute simplicité l'ensemble des corrections relativistes indispensables au fonctionnement du GPS actuel en se basant uniquement sur les trois formules (1.1), (1.2) et (2.1) : loi de composition des vitesses, désynchronisation d'une horloge pour un mouvement quelconque et décalage gravitationnel des fréquences. Les deux premières formules suffisent pour expliquer rigoureusement l'effet Sagnac détaillé à l'annexe A.

* 6.2. Vitesse et relativité du temps

Nous avons supposé jusqu'à présent que les temps d'émission indiqués par les horloges atomiques ne comportaient pas d'erreur.

Or nous allons voir que les effets relativistes sont impérativement à prendre en compte, faute de quoi la précision du GPS serait calamiteuse.

Rappelons qu'une horloge en mouvement par rapport à un ensemble d'horloges synchronisées dans un référentiel d'inertie « bat » plus lentement, conformément à la théorie de la **relativité restreinte**.

Notons G la constante de gravitation universelle, M la masse de la Terre et r la distance du satellite au centre de la Terre.

1. L'effet Sagnac est au moins implicitement pris en compte dans le calcul de la position du récepteur GPS, comme nous le verrons plus loin, et est un cas assez subtil de relativité du temps.

La vitesse du satellite GPS situé à une altitude (en gros) de 20 000 km est donnée par l'équation suivante, qui traduit le fait qu'en tout point de l'orbite supposée ici circulaire, la force gravitationnelle et la force centrifuge s'équilibrent :

$$\frac{v^2}{r} = \frac{GM}{r^2}$$

D'où

$$v = \sqrt{\frac{GM}{r}}$$

On en déduit (avec $GM = 3{,}986 \times 10^{14}$ m^3/s^2 et $r = 26\ 378$ km) : $v = 3\ 887$ m/s.

Rappelons-nous la formule (1.2) que nous avons apprise au paragraphe 1.4.

Du fait que l'horloge embarquée sur le satellite GPS est animée d'une vitesse de 3 887 m/s par rapport à l'ECI, le rapport de l'intervalle de temps propre (entre deux battements de l'horloge embarquée sur le satellite) à l'intervalle de temps impropre (mesuré dans le référentiel ECI) est donné par :

$$\sqrt{1 - \frac{v^2}{c^2}} \approx 1 - \frac{v^2}{2c^2}$$

Une horloge de référence placée à l'équateur (sur le globe terrestre) est elle-même animée d'une vitesse $R\Omega$ par rapport à l'ECI, avec $R = 6\ 378$ km et $\Omega = 2\pi/(24 \times 3600) = 7{,}27 \times 10^{-5}$ rad/s, d'où $R\Omega = 465$ m/s.

Là encore, le rapport de l'intervalle de temps propre (entre deux battements de l'horloge placée à l'équateur) à l'intervalle de temps impropre (mesuré dans le référentiel ECI) est donné par :

$$\sqrt{1 - \frac{(R\Omega)^2}{c^2}} = 1 - \frac{(R\Omega)^2}{2c^2}$$

Le décalage relatif en fréquence entre l'horloge du satellite GPS et une horloge de référence à l'équateur s'obtient en conséquence par simple soustraction des deux quantités précédentes :

$$\frac{\Delta f}{f} = \frac{(R\Omega)^2 - v^2}{2c^2} \approx -8{,}3 \times 10^{-11}$$

Donc l'horloge à bord du satellite « bat » en permanence moins vite que celle à l'équateur de sorte qu'au bout d'une journée elle **retarderait** par rapport au sol de :

$$24 \times 3600 \times 8{,}3 \times 10^{-11} = 7{,}2\ \mu\text{s}$$

Ce retard Δt de 7,2 microsecondes correspond à une erreur en distance de $c\Delta t$, soit 2,2 km.

Nous en concluons que, si l'effet de dilatation des temps de la relativité restreinte n'était pas pris en compte, au bout d'une journée, nous commettrions dans notre estimation de la position du récepteur GPS une erreur de l'ordre de 2 km, donc notre système serait tout simplement inutilisable !

Pour enfoncer le clou, on peut ajouter que le décalage de l'horloge atomique atteint 3 nanosecondes (ce qui correspond à une erreur en position d'un mètre) au bout d'environ 40 secondes seulement !

Cela montre bien que l'effet relativiste est tout sauf négligeable.

* 6.3. Gravitation et relativité du temps

Un second effet encore plus puissant est à considérer en ce qui concerne le rythme relatif des horloges : le décalage gravitationnel vers le rouge prédit par la **relativité générale**. Une horloge à proximité d'une masse pesante « bat » plus lentement qu'une horloge plus éloignée : la gravitation « ralentit » le rythme des horloges, comme nous l'avons vu au paragraphe 2.3 avec la formule (2.1).

La différence de rythme entre une horloge placée dans un champ gravitationnel avec le potentiel $\Phi + \Delta\Phi$ et une horloge avec le potentiel Φ est donnée par :

$$\frac{\Delta f}{f} = \frac{\Delta\Phi}{c^2} = \frac{\Phi - \Phi_{ref}}{c^2}$$

Or notre référence est l'horloge placée à l'équateur pour laquelle le potentiel gravitationnel est GM/R, où G est la constante de gravitation universelle, M la masse de la Terre, et R le rayon de la Terre à l'équateur. Le potentiel gravitationnel de l'horloge à bord du satellite est GM/r, où r est la distance du satellite au centre de la Terre.

On en déduit (avec $GM = 3{,}986 \times 10^{14}$ m^3/s^2, $R = 6378$ km et $r = 26\,378$ km) :

$$\frac{\Delta f}{f} = \frac{GM}{c^2}\left(\frac{1}{R} - \frac{1}{r}\right) \approx 5{,}3 \times 10^{-10}$$

Donc l'horloge à bord du satellite « bat » en permanence plus vite que celle à l'équateur de sorte qu'au bout d'une journée elle **avancerait** par rapport au sol de :

$$24 \times 3\,600 \times 5{,}3 \times 10^{-10} = 46\ \mu s$$

Cette avance Δt de 46 microsecondes correspond à une erreur en distance de $c\Delta t$, soit de l'ordre de 13,8 km.

Nous en concluons que, si l'effet de décalage gravitationnel des fréquences de la relativité générale n'était pas pris en compte, au bout d'une journée, nous commettrions dans notre estimation de la position du récepteur GPS une erreur de l'ordre de 14 km, donc notre système serait tout simplement inutilisable !

Au total, le décalage des fréquences issu des deux effets relativistes contraires (vitesse et gravitation) est donné par :

$$\frac{\Delta f}{f} = \frac{(R\Omega)^2 - v^2}{2c^2} + \frac{GM}{c^2}\left(\frac{1}{R} - \frac{1}{r}\right) \approx 4{,}5 \times 10^{-10}$$

Sur les orbites considérées (20 000 km), le décalage gravitationnel l'emporte largement sur l'effet relativiste dû à la vitesse.

Si l'ensemble de ces effets relativistes était ignoré, l'horloge du satellite avancerait au bout d'une journée de $24 \times 3600 \times 4{,}5 \times 10^{-10} = 39\ \mu s$, ce qui se traduirait par une erreur de localisation ($c\Delta t$) de l'ordre de 12 km. Au bout d'une seule minute, l'erreur en position serait de 8 mètres environ !

Au passage, signalons que, à l'altitude typique considérée pour les satellites GPS (20 000 km), c'est l'effet gravitationnel qui l'emporte nettement sur le décalage des fréquences dû à la vitesse. Cependant il existe une altitude pour laquelle les deux effets se compensent exactement, ce qui signifie que sur cette orbite, les horloges sont synchronisées par rapport au référentiel d'inertie dont l'origine est le centre de la Terre (ECI). Cette altitude est voisine de 3 000 km.

Pour un orbiteur tel que la navette spatiale (située typiquement à une altitude de quelques centaines de kilomètres), la vitesse est si grande que l'effet de ralentissement du rythme des horloges dû au mouvement est l'effet dominant, alors que pour un satellite GPS, c'est l'effet gravitationnel qui est prépondérant. Quant au futur système de navigation GALILEO, qui est développé par l'Agence spatiale européenne, les orbites utilisées seront de l'ordre de 30 000 km, donc l'effet gravitationnel sera encore dominant mais les corrections à appliquer seront bien sûr différentes de celles calculées ci-dessus.

> Choix de l'horloge de référence

Nous avons pour notre raisonnement pris comme référence une horloge hypothétique située à l'équateur.

En pratique, on choisit par exemple les horloges de l'US Naval Observatory comme référence et on utilise ensuite une propriété remarquable résultant de la théorie de la relativité générale : on peut démontrer qu'en n'importe quel point de la surface du géoïde terrestre (au niveau de la mer) les horloges battent toutes au même rythme, elles sont donc synchronisées. Pour une horloge située en un point du géoïde à une distance plus grande du centre de la Terre (mais toujours au niveau de la mer), la vitesse de rotation sera plus grande mais la gravitation sera également moins forte, et les différences (en termes de décalage de fréquence) se compenseront exactement. Ce résultat surprenant n'est pas en fait une coïncidence dans la mesure où la vitesse de rotation de la Terre détermine en partie sa forme d'ellipsoïde.

Attention, le raisonnement ci-dessus ne s'applique pas au relief : une horloge située sur une montagne présentera un décalage en fréquence par rapport à une horloge située au niveau de la mer. Si l'on veut l'utiliser comme référence, il faudra donc lui appliquer une correction pour la caler sur les horloges à la surface du géoïde terrestre. Pour bien comprendre l'importance des effets relativistes, il faut garder à l'esprit que, pour atteindre une précision sur la localisation du récepteur GPS de 5-10 mètres, les horloges atomiques à bord des satellites doivent fournir le temps avec une précision de 20-30 nanosecondes (puisque l'erreur en position correspondante est donnée par $c\Delta t$).

La précision en fréquence d'une horloge atomique au repos ($\Delta f/f$) est actuellement au moins de l'ordre de 10^{-14}, donc largement en dessous du maximum autorisé pour atteindre les performances souhaitées, car une telle précision se traduit par un décalage temporel au bout d'une journée de l'ordre de la nanoseconde. On peut signaler au passage que les précisions continuent à s'améliorer puisqu'on vise, d'ici quelques années, pour la future expérience spatiale PHARAO (Projet d'Horloge Atomique par Refroidissement d'Atomes en Orbite) une précision de 10^{-16}.

En pratique, les horloges à bord des satellites sont recalées au moins une fois par jour par rapport aux horloges de référence (car à la longue, l'erreur deviendrait tout de même trop élevée).

En revanche, nous avons vu que les effets relativistes sont typiquement plusieurs milliers de fois plus élevés que l'exactitude ou la stabilité d'une horloge atomique, donc très loin d'être négligeables et l'erreur potentielle résultante devient déjà non négligeable au bout d'**une minute** seulement !

Pour compenser ces effets, deux méthodes sont possibles.

On décale d'une certaine quantité (offset) la fréquence de l'horloge atomique embarquée sur le satellite avant son lancement et sa mise sur orbite de sorte qu'elle apparaîtra synchronisée lorsqu'elle subira les effets relativistes.

On laisse la fréquence de l'horloge inchangée au moment du lancement mais les corrections relativistes sont fournies par le satellite GPS dans le message transmis au récepteur GPS. À charge au logiciel du récepteur GPS d'appliquer ces corrections dans l'algorithme lui permettant de calculer sa position. Le logiciel embarqué peut également corriger le temps de transmission indiqué dans le message avant envoi au récepteur GPS.

La deuxième solution offre *a priori* plus de souplesse car elle permet par exemple de s'affranchir d'un possible décalage en fréquence induit par les chocs subis par l'horloge atomique lors du lancement du satellite. En outre elle permet de corriger les effets relativistes dus à l'excentricité de l'orbite du satellite GPS, que nous détaillerons au paragraphe 6.5.

* 6.4. Effet Sagnac et relativité du temps

Nous allons voir qu'il est nécessaire de prendre en compte finement le mouvement du récepteur pendant la propagation du signal en provenance du satellite, afin de déterminer la position du récepteur avec précision, ce qui revient à utiliser une **double rotation**.

L'effet Sagnac, qui est détaillé dans l'annexe A, est l'une des prédictions les plus surprenantes de la relativité restreinte et il fait partie de ces expériences simples mais ô combien riches d'enseignement qui devraient faire le bonheur de tout étudiant en physique. Il est observé à chaque fois que l'on fait parcourir en sens inverse à deux signaux de même vitesse (par rapport au disque) la circonférence d'un disque en rotation. On constate alors contre toute attente que ces deux signaux ne parviennent pas au même instant à l'émetteur. Le retard s'appelle le délai Sagnac et ne dépend pas de la vitesse des signaux (ni de leur nature).

Le cas le plus troublant, que nous appellerons **paradoxe des tortues***, est certainement d'imaginer des tortues effectuant un tour complet en partant du même point d'un disque en rotation. Si l'on suppose qu'elles progressent en sens inverse le long de la circonférence exactement à la même vitesse, comment diable pourraient-elles ne pas se retrouver au même instant à leur point d'origine ? Je renvoie mon lecteur à l'annexe A pour une explication que j'espère assez complète mais la prédiction relativiste, confirmée par l'expérience, est bel et bien que les temps d'arrivée de nos deux tortues seront séparés par le délai Sagnac qui ne dépend que de la vitesse de rotation du disque. En dernière analyse, ce retard est imputable à la désynchronisation des horloges déplacées le long du disque en rotation et est donc un effet de la relativité du temps.

Quel est donc le rapport entre les satellites GPS et nos tortues ?

Pour comprendre la nécessité de prendre en compte cet effet, il nous faut réexaminer les équations de navigation décrites au paragraphe 5.4.

Soient x, y, z les coordonnées de la position du récepteur GPS à l'instant t_R où il reçoit les signaux de l'ensemble des 4 satellites et b le biais de son horloge.

Les inconnues x, y, z et b sont déterminées par l'équation :

$$(x-x_i)^2+(y-y_i)^2+(z-z_i)^2=((t_R+b-t_i)c)^2$$

avec $i = 1, 2, 3, 4$ (pour chacun des 4 satellites en visibilité).

Dans le cas du positionnement par satellites, le membre de gauche n'est pas une distance qui existe physiquement car l'émetteur et le récepteur sont en mouvement.

Chaque satellite, après avoir émis son pulse de lumière, continue sa chute libre autour de la Terre.

Le récepteur, durant l'intervalle de temps $(t_R - t_i)$ entre l'émission du signal et l'arrivée du pulse s'est déplacé dans l'espace, du fait de la rotation terrestre.

Notons d'ailleurs que la grandeur ($t_R - t_i$) dépend du satellite i[1], autrement dit la position du récepteur est différente avant l'instant t_R où il reçoit le pulse émis par les quatre horloges des satellites.

Les éphémérides qui permettent de déterminer la position du satellite à chaque instant sont exprimées dans un référentiel particulier, le **système géodésique WGS 84*** (qui est un repère tournant). Le modèle de surface terrestre utilisé est dit ellipsoïde et correspond à une sphère légèrement aplatie aux pôles afin de mieux représenter la véritable forme de la surface terrestre. Les coordonnées en latitude, longitude et altitude sont déterminées par rapport à cet ellipsoïde de référence qui est animé d'un mouvement de rotation autour de l'axe terrestre.

Comme le référentiel WGS 84 n'est pas inertiel (il tourne avec la Terre autour de son axe), nous devons d'abord convertir les positions des satellites dans le référentiel inertiel ECI (qui a pour origine le centre de la Terre mais qui ne tourne pas).

Nous pourrons alors utiliser les équations de navigation ci-dessus qui supposent la **propagation en ligne droite de la lumière à la vitesse constante *c***, cette hypothèse n'étant valide que dans un référentiel inertiel.

Notons $\Delta t_i = t_R - t_i$, où t_R est le temps d'arrivée (au récepteur GPS) du signal en provenance des 4 satellites et t_i le temps d'émission pour chaque satellite.

Durant l'intervalle Δt_i, le référentiel tournant (autrement dit la planète Terre) a tourné dans l'ECI d'une quantité qui est donnée en radians par : $\Omega \times \Delta t_i$, où Ω est la vitesse de rotation de la Terre.

La valeur est typiquement de quelques dizaines de mètres.

Les x_i, y_i, z_i (positions des satellites) doivent donc subir une rotation de $\Omega \times \Delta t_i$ avant d'être injectées dans l'équation de navigation ci-dessus (où l'on exploite l'invariance de c).

Les t_i sont les temps d'émission mesurés par l'horloge du satellite, donc doivent être corrigés en tenant compte des effets relativistes comme déjà indiqué dans les paragraphes précédents.

1. Ces délais de propagation pour les signaux des satellites GPS sont compris entre 67 ms et 86 ms, la valeur la plus faible correspondant au cas où le satellite se trouve à la verticale du récepteur.

Si les positions des émetteurs et du récepteur ne sont pas exprimées dans le référentiel inertiel ECI, on s'expose à l'introduction d'une erreur sur le calcul du temps de parcours entre chaque émetteur et le récepteur, erreur qui n'est autre que le délai Sagnac.

Comment faut-il procéder pour échapper à cette erreur ?

Il est nécessaire qu'à l'instant où les signaux des différents satellites sont reçus, la position de chaque satellite soit recalée dans le référentiel ECI en lui appliquant une rotation dont l'angle est propre à chacun des satellites. Les coordonnées du récepteur GPS peuvent alors être calculées en exploitant les équations de navigation ci-dessus (incluant la vitesse c de la lumière). Comme les solutions x, y, z obtenues sont exprimées dans le référentiel inertiel ECI, elles doivent subir une nouvelle rotation (en sens inverse) pour être converties dans le référentiel tournant WGS 84 afin d'en déduire les coordonnées du récepteur GPS (latitude, longitude et altitude).

En procédant ainsi, on s'affranchit de l'effet Sagnac. Le passage du repère tournant au repère inertiel étant une rotation, l'oubli de cette opération de rotation se traduirait par une erreur en longitude.

Pour fixer les idées, considérons d'abord le cas d'un satellite GPS qui émet un signal en direction d'un récepteur situé à sa verticale. Le terme correctif de Sagnac équivaut alors à une erreur en distance de moins d'un centimètre. Cette valeur est très faible compte tenu des positions respectives du satellite et du récepteur.

Examinons un autre cas, où un satellite GPS émet cette fois-ci un signal en direction d'un récepteur terrestre équatorial qui forme, depuis le centre de la Terre, un angle de 90 degrés avec la position du satellite. Le terme correctif de Sagnac correspond alors environ à une erreur en distance de 45 mètres.

Comme nous l'avons indiqué, cette correction peut être contournée en exécutant les actions suivantes.

On fait repasser les positions des satellites dont on reçoit le signal du repère tournant vers le repère inertiel ECI.

On calcule la position dans le temps et dans l'espace du récepteur sur la base des équations de navigation (qui se fondent sur la propagation de la lumière en ligne droite à vitesse constante dans les repères inertiels uniquement).

Enfin on fait repasser la position du récepteur ainsi calculée du repère inertiel vers le repère tournant.

Cette série d'opérations ne peut être calculée que par le récepteur GPS.

En guise de conclusion, rappelons-nous que l'émission d'un signal (quelle que soit sa nature) à destination d'un récepteur attaché à un disque tournant implique nécessairement l'existence d'un effet Sagnac, même si dans le cas des signaux en provenance des satellites GPS, on peut escamoter la discussion en passant par le référentiel inertiel ECI et éviter ainsi de se trouver nez à nez avec le pseudo-paradoxe des tortues.

* 6.5. Un peu d'excentricité pour corser le tout

Nous avons supposé jusqu'ici que les orbites des satellites étaient circulaires. En réalité elles suivent des orbites elliptiques pour lesquelles on peut montrer que l'équation suivante s'applique :

$$\frac{v^2}{2} - \frac{GM}{r} = -\frac{GM}{2a}$$

Où a est le demi-grand axe de l'ellipse (de l'ordre de 26 500 km) et r la distance variable du satellite au centre de la Terre.

Rappelons que, comme nous l'avons vu au paragraphe 6.3, le décalage des fréquences issu des deux effets relativistes (vitesse et gravitation) entre l'horloge du satellite et une horloge à l'équateur est donné par :

$$\frac{\Delta f}{f} = \frac{(R\Omega)^2 - v^2}{2c^2} + \frac{GM}{c^2}(\frac{1}{R} - \frac{1}{r})$$

En remplaçant la vitesse v dans l'équation ci-dessus par l'expression obtenue précédemment, le décalage relatif en fréquence devient :

$$\frac{\Delta f}{f} = -\frac{2GM}{c^2}(\frac{1}{r} - \frac{1}{a}) - \frac{3GM}{2ac^2} + \frac{GM}{Rc^2} + \frac{(R\Omega)^2}{2c^2}$$

Le premier terme à droite de l'égalité ci-dessus varie si l'orbite n'est pas circulaire et est responsable d'un décalage qui peut atteindre 75 nanosecondes, donc bien au-dessus du maximum autorisé pour permettre une localisation à 10 mètres près.

Comme ce terme est variable suivant la position du satellite sur son orbite, la correction doit être appliquée au niveau du satellite ou fournie dans le message transmis par le satellite au récepteur GPS.

> Changement d'orbite pour un satellite GPS

Il n'est pas rare que l'orbite d'un satellite GPS doive être ajustée. C'est par exemple le cas lorsqu'un satellite arrive en fin de vie et qu'un satellite de rechange placé jusque-là sur une orbite temporaire prend la relève. Nous supposerons ici circulaires les différentes orbites : donc dans l'équation ci-dessus, nous avons $r = a$.

La formule donnée plus haut devient :

$$\frac{\Delta f}{f} = -\frac{3GM}{2ac^2} + \frac{GM}{Rc^2} + \frac{(R\Omega)^2}{2c^2}$$

Supposons que le paramètre a décrivant l'orbite de ce nouveau satellite devienne $a + \delta a$, suite à l'ajustement de son orbite (après mise à feu de ses propulseurs). La variation du décalage en fréquence suite au changement d'orbite sera donnée en calculant la dérivée partielle par rapport à la variable a (partie droite de la formule) :

$$\partial(\frac{\Delta f}{f}) = \frac{3GM\partial a}{2a^2c^2}$$

Pour une augmentation typique de l'altitude du satellite de plusieurs dizaines de kilomètres, on doit s'attendre à une variation du décalage relatif en fréquence comprise entre 10^{-13} et 10^{-12}. En appliquant ainsi la relativité générale, la prise en compte de cet effet relativiste peut être immédiate au moment de l'insertion du nouveau satellite sur son orbite de travail, et permet d'éviter une alternative plus laborieuse et plus lente qui consisterait à mesurer la fréquence du nouveau satellite depuis le sol.

7.
GPS et trous noirs

La théorie des trous noirs fut développée bien avant qu'il y ait le moindre indice de leur existence. Je ne connais pas d'autre exemple en science de réussite d'une extrapolation aussi extrême fondée sur la pensée pure.

Stephen Hawking

Nous avons déjà vu précédemment que la position des satellites devait en gros être connue au mètre près pour que les performances du GPS soient tenues.

L'utilisation des quasars, sans être absolument indispensable au fonctionnement du GPS, est fort utile.

Sans l'existence des trous noirs, on ne disposerait pas de balises aussi efficaces : assez lointaines pour être considérées comme fixes par le satellite et assez brillantes pour être détectées malgré l'impressionnante distance (des milliards d'années-lumière). C'est parce que le noyau actif de ces galaxies est entretenu par un trou noir à l'énergie colossale que de telles balises existent et peuvent être habilement exploitées par les satellites GPS pour se repérer dans l'espace.

Nous allons expliquer dans ce chapitre pourquoi le lien exotique entre le GPS qui équipe notre voiture et les trous noirs n'est pas une simple vue de l'esprit, autrement dit nous allons comprendre comment les trous noirs peuvent nous guider avec brio partout sur notre globe, en jouant à contre-emploi le rôle d'éclaireurs.

Tout d'abord remarquons que, afin de déterminer le lieu géographique du récepteur GPS terrestre avec une précision d'environ un mètre, la position des satellites GPS doit également être connue avec une précision équivalente.

La raison tient au fait que toute erreur affectant la position d'un satellite GPS sera injectée dans les équations de navigation (qui correspondent à l'intersection de quatre sphères centrées sur les satellites) et entraînera une imprécision du même ordre sur la position du récepteur.

Les paramètres décrivant la trajectoire de chaque satellite avec grande précision sur plusieurs heures sont transmis régulièrement à chaque satellite par les stations au sol et constituent les **éphémérides** des satellites.

La connaissance de la position des satellites en orbite est cruciale. Mais la position par rapport à quoi ?

Le géoïde terrestre est un référentiel imparfait. À cause des forces de marée engendrées par le Soleil et la Lune et des effets dus aux courants océaniques et à la circulation atmosphérique, le mouvement de la Terre est entaché d'irrégularités qui nous interdisent de l'utiliser comme une référence suffisamment stable. D'où la question inévitable : où peut-on trouver un référentiel qui serait quasiment fixe pour y rapporter les mouvements des satellites GPS avec une très grande précision ?

Une première idée consisterait à nous servir de la position de quelques étoiles jugées immobiles et situées dans notre proche banlieue. Hélas, les étoiles de notre galaxie, même si elles ont longtemps été tenues pour des points fixes, se déplacent en fait légèrement par rapport à nous. Ce ne sont donc pas les candidats irréprochables que nous recherchons. Il faut donc nous tourner vers des astres beaucoup plus lointains dont les mouvements nous apparaîtraient nuls à la précision des mesures nécessaire pour le bon fonctionnement du GPS, tout en étant suffisamment lumineux pour être repérables depuis la Terre. Connaissons-nous de tels champions hors du commun ? La réponse est oui, ce sont les quasars. Ces derniers, découverts au début des années 1960, sont pour la plupart « logés » à plusieurs milliards d'années-lumière de notre planète et sont principalement détectés par leurs émissions dans le domaine des ondes radio.

Les quasars sont essentiellement des trous noirs géants en rotation, des trous noirs de Kerr[1], « pesant » jusqu'à plusieurs milliards de masses solaires et expulsant des jets de gaz à des vitesses proches de celle de la lumière. Lorsque par chance la Terre se trouve dans la direction de l'un de ces jets, le signal

1. Un trou noir de Kerr désigne un trou noir en rotation et de charge électrique nulle. Le mathématicien Roy Kerr trouva la solution exacte des équations d'Einstein correspondant à ce cas en 1964.

du quasar est détectable depuis la Terre. Ces objets très lointains sont donc précieux en tant que balises de référence. La figure d'artiste ci-après permet de visualiser un exemple de quasar avec son disque d'accrétion.

Figure 7. Représentation d'un quasar

Depuis 1995, une carte donnant la position très précise d'environ 600 quasars, servait de référence fiable pour le système GPS. Le nom donné à cette carte est ICRF : *International Celestial Reference Frame*. Nous disposons aujourd'hui d'une carte dernier cru, enrichie de nouveaux quasars, et offrant une plus grande précision. Afin d'établir cette carte, il a fallu mobiliser le VLBI (*Very Long Baseline Interferometer*), un réseau de radiotélescopes réparti sur plusieurs continents qui permet, en combinant les observations, de simuler l'équivalent d'un radiotélescope géant unique dont la parabole s'étendrait sur plusieurs milliers de kilomètres. À condition de tenir compte des mouvements tectoniques de notre planète, il est possible d'obtenir une résolution phénoménale qui autorise l'étude de la structure des quasars, pourtant situés à des milliards d'années-lumière de la Terre.

La nouvelle carte, nommée ICRF2, contient à présent des milliers de quasars et elle a été reconnue en août 2009 par l'Union astronomique internationale. Elle ne sert pas exclusivement au GPS terrestre mais également à la navigation des sondes spatiales dont les missions peuvent être ainsi optimisées.

Nous sommes désormais en position pour répondre à une série de questions palpitantes : comment savons-nous où se trouvent les satellites GPS avec exactitude ?

Les satellites GPS connaissent leur position car les paramètres précis décrivant leurs orbites leur sont transmis par les stations au sol qui suivent régulièrement leurs trajectoires.

Comment les stations au sol parviennent-elles à déterminer la position des satellites GPS à quelques mètres près ?

Elles obtiennent une grande précision parce qu'elles sont elles-mêmes localisées finement dans le référentiel géodésique commun, le WGS 84, ce qui signifie que leur orientation dans l'espace (puisqu'elles tournent avec la Terre) est déterminée avec une belle exactitude.

Comment est-on capable de mesurer la position des stations au sol avec grande précision ?

Parce que le référentiel géodésique WGS 84 se base sur une carte d'objets astronomiques (principalement des quasars) situés à des distances telles que la position apparente de ces balises ne varie pas au cours du temps.

C'est donc ce catalogue de quasars du Système international de références célestes qui, tout compte fait, constitue la référence inattendue de localisation utilisée par l'humanité du XXIe siècle.

Pour résumer, essayez de vous remémorer (si vous le pouvez), cher lecteur, votre dernière visite à un bar à l'aide de votre GPS.

Vous êtes désormais capable de dérouler l'incroyable chaîne causale qui vous a mené de l'infini (ou presque) jusqu'à votre destination un peu dérisoire.

Rendez-vous sur la page suivante.

Suivez les flèches :

Quasars lointains (alimentés par des trous noirs géants)

↓

Système international de références célestes (ICRF)

↓

Calcul de la position des satellites GPS (éphémérides) par les Stations au sol en utilisant le Modèle géodésique unifié (WGS 84)

↓

Transmission des éphémérides
aux satellites de la Constellation GPS

↓

Acquisition des éphémérides par le récepteur GPS
à partir des satellites

↓

Calcul de la position de la voiture par le récepteur GPS
en utilisant les éphémérides

↓

Localisation du bar

↓

Arrivée au bar grâce au GPS

↓

Absorption déraisonnable de bières

↓

Trou noir (très personnel)

Le GPS est à utiliser en toute modération.

8. Petit résumé global

Cher lecteur, à partir de maintenant, vous êtes à même de déchiffrer la liste complète des cinq effets relativistes du système GPS actuel qui sont à prendre en compte :

- l'effet Doppler du second ordre sur la fréquence des horloges à la surface de la Terre comme conséquence de la rotation de la Terre ;
- l'effet Doppler du second ordre sur la fréquence des horloges des satellites GPS comme conséquence de leur mouvement autour de la Terre ;
- l'effet gravitationnel de la masse sphérique de la Terre sur la fréquence des horloges à la surface de la Terre ;
- l'effet gravitationnel de la distribution de masse non sphérique de la Terre sur la fréquence des horloges à la surface de la Terre ;
- l'effet gravitationnel de la masse sphérique de la Terre sur la fréquence des horloges des satellites GPS.

La distribution de masse non sphérique de la Terre intervient dans le potentiel gravitationnel à utiliser qui diffère légèrement de celui correspondant à une sphère parfaite. L'accélération de la pesanteur, g, vaut globalement sur la Terre 9,8 m/s^2. Elle varie cependant selon l'endroit en raison de l'aplatissement du globe terrestre aux pôles (9,83 m/s^2 sur ces derniers contre 9,78 m/s^2 à l'équateur). C'est le seul aspect des corrections relativistes actuellement implémentées qui n'est pas détaillé dans ce livre pour ne pas compliquer inutilement le propos.

Par ailleurs, il est important de bien comprendre que les décalages en fréquence mentionnés dans les spécifications ci-dessus ne sont pas des « clones » de l'effet Doppler. Ce dernier consiste dans le fait que la fréquence d'un signal émis par un objet en mouvement par rapport au récepteur arrive décalée au récepteur.

En relativité, on constate bien un effet similaire comme conséquence du mouvement (d'où le qualificatif d'effet Doppler du second ordre). Mais l'énorme différence est qu'il s'agit d'une conséquence de la structure de l'espace-temps : lorsque le mouvement cesse, l'effet ne disparaît pas complètement. L'horloge qui était en mouvement affiche un décalage temporel qui est typiquement relativiste.

La dilatation des temps relativiste n'est **pas un simple effet Doppler** !

> Pourquoi la prise en compte de ces biais ne peut être ignorée

Ne serait-il pas possible de calculer les biais temporels des horloges atomiques embarquées sans avoir à connaître la relativité, autrement dit sans se soucier de leur origine ?

Il existe effectivement des algorithmes qui permettent de converger vers les erreurs systématiques (constantes positives ou négatives) affectant différentes variables. Cette méthode serait praticable si l'on pouvait disposer d'un grand nombre de mesures en provenance des satellites en quelques secondes, car la position du récepteur GPS doit être mise à jour très régulièrement pour être exploitable. Or la fréquence de mise à jour d'un récepteur GPS (la réactualisation de sa position suite à la réception de messages) est typiquement de l'ordre de 1 Hz. Ceci signifie que le récepteur GPS dispose de nouvelles mesures en moyenne une fois par seconde. Ceci est tout à fait insuffisant pour permettre une estimation fiable de la désynchronisation des horloges embarquées.

Au moins trois autres raisons rendent cette solution non viable.

Premièrement, elle ne prendrait pas en compte des effets plus subtils (et variables) comme l'excentricité de l'orbite des satellites.

Deuxièmement, ne pas connaître l'origine de biais temporels (si on imagine une situation où la relativité serait ignorée), serait très risqué. En effet lorsque la ou les causes d'erreurs constatées ne sont pas identifiées dans un système donné, cela rend son utilisation pour le moins hasardeuse (on ne maîtriserait pas réellement son fonctionnement) et nous avons vu que dans de nombreux cas, il est extrêmement utile de pouvoir anticiper les écarts temporels afin de les corriger dès que possible.

Troisièmement, pour les applications futures nécessitant une précision encore plus grande dans la localisation, la méthode ici envisagée serait encore plus déficiente, car des effets relativistes encore plus fins seraient à inclure dans les calculs.

Par conséquent, il n'y a pas d'échappatoire : la prise en compte des théories de la relativité restreinte et générale est absolument indispensable dans l'utilisation du GPS.

Dans la description du décalage gravitationnel des fréquences, j'ai volontairement négligé certains aspects qui sont à inclure en pratique suivant le niveau de précision qu'on se fixe pour la localisation.

D'abord l'expression du potentiel gravitationnel que j'ai utilisée suppose que la Terre est une sphère parfaite. En réalité le potentiel gravitationnel à utiliser est celui d'un ellipsoïde, ce qui conduit à une formule légèrement plus compliquée.

Ensuite si l'on cherche à améliorer la précision de la localisation (en dessous du mètre), il peut se révéler nécessaire de prendre en compte dans sa totalité la métrique décrivant la courbure de l'espace-temps : l'approximation présentée suffit amplement dans les applications requérant une précision de quelques mètres (la prédiction utilisée est celle figurant dans l'article d'Einstein de 1907 où il combine pour la première fois le principe d'équivalence avec la relativité restreinte).

Penchons-nous une fois encore sur cette application étonnante et spectaculaire, la localisation par GPS, véritable prouesse technologique qui fait appel à des concepts déroutants voire extraordinaires (pourtant vieux de plus d'un siècle), dont nous ne sommes pas suffisamment conscients.

Pour un coût de l'ordre de 100 euros, vous pouvez disposer d'un outil permettant de vous localiser à 5 mètres près en n'importe quel point du globe (latitude, longitude et altitude) et ce en quelques secondes.

Vous pouvez équiper votre voiture d'un système de navigation avec cartes intégrées qui vous assiste en temps réel dans votre déplacement d'un point A à un point B.

À bord d'un avion de ligne, un récepteur GPS détermine également sa position à quelques mètres près. Des techniques différentielles consistant à comparer deux récepteurs GPS proches l'un de l'autre permettent même d'atteindre des précisions de quelques centimètres en moins d'une heure.

Rappelez-vous enfin, que sans appliquer correctement les théories de la relativité restreinte et générale et leurs prédictions concernant les temps multiples qui défient le sens commun, le système de localisation GPS de votre voiture serait totalement inutilisable au bout de quelques minutes.

Quel plus bel exemple illustrant le fait que la recherche fondamentale peut conduire à des applications inouïes qui sont souvent pratiquement impossibles à imaginer et prévoir au départ ?

> Et si l'on voulait être encore plus précis ?

Les exigences en précision pour le futur des systèmes de positionnement par satellite impliqueront de prendre en compte des effets relativistes bien réels mais jusqu'ici négligés car plus faibles.

On vise pour les systèmes futurs une **précision de 10 centimètres**.

Or la lumière parcourt 10 centimètres en 1/3 nanoseconde. Les effets de cet ordre ne peuvent donc plus être ignorés. Ceci signifie que nous devrons nous habituer à raisonner en **picosecondes** (10^{-12} secondes) au lieu de le faire en nanosecondes (10^{-9} secondes).

En dehors des effets relativistes, l'un des principaux problèmes réside dans les retards de propagation des signaux dus à l'environnement (que nous n'avons pas abordés dans ce livre).

Pour ce qui est de la relativité, citons parmi les corrections envisageables (toutes liées à la relativité générale) l'**effet Shapiro*** : il s'agit du retard dans la transmission des signaux en provenance des satellites du fait de la courbure de l'espace-temps au voisinage de la Terre. Cet effet est lié à la déviation des rayons lumineux par la gravitation. La prédiction de la physique newtonienne (en supposant que le photon a une masse[1] de $h\mu/c^2$) est la moitié de celle de la relativité générale. Là encore, c'est la courbure de l'espace-temps qui explique l'autre moitié.

1. La masse inerte du photon au repos (dans son référentiel propre) est nulle mais son énergie E par rapport au laboratoire est proportionnelle à la fréquence μ de l'onde lumineuse (on le sait depuis Einstein en 1905), le facteur de proportionnalité h étant la constante de Planck. L'équivalence masse-énergie conduit à une masse inerte ou pesante du photon de E/c^2.

La première expérience fut menée par l'astronome anglais Eddington en 1919 lors d'une éclipse totale du soleil qui permit de mesurer la position apparente d'étoiles lointaines à proximité du soleil (au moment de l'éclipse) puis de mesurer le décalage en position de ces mêmes étoiles à un autre moment.

Cette déviation s'accompagne en fait d'un autre effet, appelé effet Shapiro, qui est le retard du rayon lumineux frôlant l'objet massif (et qui avait échappé à Einstein), conséquence de la courbure de l'espace-temps.

Dans le cas du Soleil, ce retard est de 125 microsecondes (par rapport à un signal lumineux qui couvrirait la même distance sans être soumis à l'influence de la gravitation). Cet effet Shapiro fut mesuré très précisément en 1976 lors d'une opposition Terre-Mars, en mesurant le retard dans l'aller-retour des signaux radios échangés avec les sondes Viking qui se trouvaient à la surface de Mars. Le retard mesuré fut de 250 microsecondes et était en accord avec la relativité générale avec une incertitude de 1 pour 1 000.

Autre effet à prendre en compte : le potentiel gravitationnel de la Terre n'est pas exactement celui d'une sphère, ce qui modifie légèrement la prédiction sur le décalage gravitationnel des fréquences. En fait ces corrections sont déjà prévues dans le fonctionnement du GPS actuel.

En conclusion, il faudra utiliser les métriques de la relativité générale pour prendre en compte au plus près la courbure de l'espace-temps si l'on veut atteindre une précision de quelques centimètres.

Figure 8. Réflexions autour du GPS

Le GPS et la relativité du temps qui en dicte le fonctionnement ouvrent des pistes de réflexion multiples sur des sujets variés, tout particulièrement en ce qui concerne la façon de faire de la science.

Le but de la section qui suit est d'inviter le lecteur à prendre un peu de recul par rapport aux développements précédents, donc de réfléchir aux implications de cet outil merveilleux qu'est le GPS sur les méthodes utilisées pour notre compréhension du monde.

Ces pensées satellites sont destinées à convaincre de l'intérêt à prendre de l'altitude lorsque l'on veut vraiment appréhender un sujet donné afin de ne pas se laisser guider uniquement par des formules, si belles soient-elles. Ce ne sont que des amorces d'une cogitation plus approfondie.

Puissent les pages qui viennent être simplement le prélude à des discussions épiques.

9.
Pensées satellites

La vérité est plus étrange que la fiction. C'est parce que la fiction est basée uniquement sur des choses possibles alors que la vérité ne l'est pas.

Mark Twain

* 9.1. GPS et intuition

Longtemps avant l'avènement du GPS, les physiciens pensaient généralement que les effets relativistes sur le temps (apparemment si faibles à notre échelle) ne pourraient jamais déboucher sur des applications concrètes dans notre vie de tous les jours.

Or il n'en est rien.

Le fait que le GPS utilise des signaux se propageant à la vitesse de la lumière a pour conséquence que la précision requise sur le temps fourni par les horloges embarquées sur les satellites doit être exceptionnelle, le moindre écart temporel pouvant éventuellement entraîner une erreur sur la localisation de plusieurs dizaines de mètres au moins.

La méthodologie scientifique est souvent contraire à nos intuitions[1] car elle cherche à nous affranchir des préjugés nombreux qui brouillent notre

1. Il convient ici de distinguer deux sortes d'intuition : l'intuition scientifique est un raccourci dans un processus logique existant où certaines étapes ne sont pas explicitées sur le moment mais qui presque toujours peuvent l'être après coup ; à l'opposé, l'intuition philosophique bergsonienne, de nature purement instinctive, échappe à toute approche analytique et est essentiellement irrationnelle.

jugement. Les prédictions auxquelles elle conduit sont elles-mêmes souvent originales et troublantes car inattendues. Le bon sens n'est pas toujours un allié recommandable car l'expérience issue de notre vie quotidienne est parfois trompeuse : la rationalité requiert un effort contre nature.

Le cas du GPS est très révélateur à cet égard.

En 1922, le philosophe Henri Bergson publie un ouvrage, *Durée et simultanéité*, entièrement consacré à la relativité restreinte.

Bergson, apparemment choqué par les prédictions relativistes sur les temps multiples en conflit avec ses propres conceptions sur le temps et la durée, cherche dans ce livre à réinterpréter la théorie à sa guise pour la plier à ses convictions ou à ses intuitions[1]. À l'époque, quelques physiciens (Einstein inclus) ont cherché à lui faire comprendre ses erreurs mais leurs tentatives sont restées vaines, Bergson refusant une telle remise en cause de ses opinions profondément enracinées.

Le GPS aujourd'hui est une magnifique preuve de tous les instants que les temps multiples ne sont pas une fiction. Il nous rappelle également que l'intuition en tant que démarche purement instinctive est souvent un leurre dans la recherche de la vérité.

Démonstration éclatante que le paradoxe des jumeaux n'est pas simplement une expérience de pensée fantaisiste et que la relativité du temps est tout à fait réelle quoique difficile à accepter, décidément le GPS est l'illustration parfaite à la fois de la formidable efficacité de la méthodologie scientifique et de l'imperfection redoutable de nos intuitions !

1. Pour un compte rendu détaillé des erreurs de Bergson en ce qui concerne la compréhension de la relativité restreinte, voir le chapitre 11 du livre d'Alan Sokal et Jean Bricmont cité en bibliographie. Il est important de noter qu'une partie de la philosophie contemporaine, en se nourrissant exclusivement d'elle-même, continue hélas à perpétrer les erreurs de raisonnement de Bergson sur la relativité du temps, ce qui contribue à rendre confus un sujet qui aujourd'hui devrait être clair. La persistance de ce malentendu a peut-être rendu l'enseignement de la relativité et du concept des temps multiples encore plus compliqué.

* 9.2. GPS et relativisme

Le **relativisme cognitif*** consiste à rejeter l'universalité des affirmations scientifiques sur le monde. Autrement dit, ce qui est vrai pour une culture A pourrait très bien être faux pour une culture B. Notre savoir serait pour une grande part dépendant des groupes sociaux ou culturels qui le produisent.

Une théorie scientifique serait en conséquence un récit parmi d'autres tout aussi légitimes.

Telle est la thèse à l'insoutenable légèreté des relativistes et on trouve ce point de vue énoncé plus ou moins explicitement chez de nombreux philosophes ou intellectuels contemporains. Le qualificatif « cognitif » signifie que c'est la connaissance (le vrai ou le faux) qui est supposée relative à la culture considérée. D'autres formes de relativisme existent (culturel pour ce qui est beau ou laid, éthique pour ce qui est bien ou mal…).

Un tel point de vue est peu crédible car si les théories scientifiques sont des fictions parmi d'autres, comment expliquer les réussites technologiques innombrables (télévision, ordinateur, fusée, téléphone…) qui leur sont imputables ?

Il est très difficile de soutenir qu'un tel contrôle de la réalité à travers la technologie moderne ne prouve pas que nous sommes parvenus à une compréhension même imparfaite de la réalité qui nous entoure.

Le GPS est une technologie exemplaire à ce titre car il est au carrefour de connaissances et de théories multiples : relativité restreinte, relativité générale, physique quantique, théorie de l'électromagnétisme, traitement du signal…

> Le fait que vous puissiez, cher lecteur, vous rendre d'un point A à un point B n'importe où sur Terre avec votre voiture en étant assisté par votre GPS et que tous les individus, quel que soit leur groupe social ou culturel, puissent faire le même constat en tout point du globe, constitue un pied de nez insolent au relativisme postmoderne[1] et rend son présupposé tout à fait insensé.

1. La philosophie postmoderne est un courant intellectuel (très en vogue notamment en France depuis quelques décennies et remontant aux années 1960) qui consiste à rejeter le rationalisme moderne hérité des Lumières (où la vérification expérimentale est cruciale tout comme la qualité de l'argumentation logique) en traitant les connaissances scientifiques comme des fictions parmi d'autres et en leur déniant ainsi toute prétention à l'universalisme. La rhétorique des auteurs concernés emprunte souvent de nombreux concepts à la science

9.3. GPS et recherche fondamentale

Il est une question qui revient souvent chez le grand public voire nos décideurs politiques.

À quoi bon financer la recherche fondamentale ?

N'est-il pas de loin plus rentable de soutenir exclusivement la recherche industrielle qui se fixe des objectifs précis (et à plus court terme) plutôt que des projets dont la finalité reste indéfinie et les débouchés largement incertains ?

Là encore, le GPS fournit une réponse intéressante.

Personne n'avait imaginé au départ que la prédiction des temps multiples déboucherait sur une application pratique aussi populaire que l'aide à la navigation automobile.

Cela montre que la compréhension de la réalité physique (objet principal de la recherche fondamentale) doit continuer à être financée de façon conséquente, car c'est elle qui rendra possible des outils aussi spectaculaires et efficaces que le GPS, sans que nous puissions aujourd'hui connaître avec certitude le potentiel de telle ou telle connaissance pour notre futur technologique.

Le fonctionnement du GPS a bénéficié de la recherche fondamentale dans de nombreux domaines (notamment relativité et physique quantique).

Le GPS dépend d'autres percées technologiques époustouflantes : les horloges atomiques, les radars, les satellites, les fusées, l'interférométrie (VLBI), l'astronomie (pour le catalogue des quasars).

L'aller-retour permanent entre théorie (connaissances fondamentales) et pratique (technologie) est indispensable. Nous avons vu que le GPS ne pourrait fonctionner sans la précision extrême fournie par les horloges atomiques.

D'une façon générale c'est la maîtrise du temps grâce à la fois à la technologie (horloges atomiques) et à une fine compréhension de l'imbrication inattendue entre l'espace et le temps (relativité) qui aura rendu possible un outil tel que le GPS dont les applications actuelles et futures sont innombrables.

---

mais en les détournant de leur usage originel par le biais d'analogies trompeuses, la science à laquelle se réfèrent ces auteurs étant un double littéraire de la science authentique. Pour des exemples de textes d'auteurs postmodernes, voir le livre d'Alan Sokal et Jean Bricmont cité en bibliographie.

Au même titre que l'espace et le temps sont désormais indissociables, la recherche fondamentale et la technologie sont nécessairement imbriquées et progressent de concert.

9.4. GPS et zététique

Quelque part dans l'univers, quelque chose d'incroyable attend d'être connu.

Carl Sagan

Le GPS est un excellent moyen d'enseigner la science en général et la relativité en particulier en contribuant ainsi à la diffusion de la culture scientifique.

La **zététique*** (dont l'origine étymologique est un terme grec qui veut dire « chercher ») est une approche philosophique initiée en France par le physicien Henri Broch vers la fin du XXe siècle et qui consiste à promouvoir et clarifier la méthodologie scientifique par un examen critique des pseudosciences ainsi que plus généralement, par la détection d'erreurs en tous genres affectant les raisonnements et procédés utilisés dans nos tentatives pour comprendre le réel.

Même si son domaine de prédilection reste les parasciences (astrologie ou ufologie par exemple), la zététique est en fait applicable à la recherche de la vérité dans tous les domaines[1]. Cette démarche comprend des activités purement scientifiques quand il s'agit d'étudier la véracité ou l'origine exacte des phénomènes allégués.

Le GPS est une application qui parle beaucoup au grand public (c'est le cas de le dire !) et en même temps c'est un outil qui met en œuvre une combinaison apparemment très hétéroclite de connaissances et de techniques très diverses avec à la clé des raisonnements et des prédictions souvent contre-intuitifs.

Nous avons là une situation idéale pour un zététicien : une technologie certes complexe mais ayant des applications concrètes assez simples à comprendre qui représente une superbe opportunité pour exposer et expliquer la méthodologie scientifique.

1. Pour des exemples d'« enquêtes » zététiques, voir les nombreux documents accessibles à l'adresse http://www.unice.fr/zetetique.

L'effet Sagnac est un magnifique exemple d'**effet boomerang*** : une expérience mise au point à l'origine pour mettre en question la théorie de la relativité restreinte[1] constitue à l'arrivée une splendide confirmation de cette même théorie. Ces effets boomerang sont une source importante d'amélioration continue dans notre compréhension de la réalité. Nos intuitions ou nos convictions intimes nous conduisent fréquemment à monter des expériences pour vérifier nos présomptions. Lorsque les résultats des mesures ne correspondent pas à nos prédictions, il faut remettre humblement en question nos élucubrations et revoir nos explications tout en imaginant de nouvelles expériences. Cette boucle permanente d'amélioration continue qui implique un aller-retour constant entre théorie et expérience est au cœur de la méthodologie scientifique. En science, les réponses qui sont obtenues par nos procédés expérimentaux impliquent souvent des remises en question !

Le GPS est en fait un condensé fascinant de connaissances et de techniques modernes, alliance de circonstance entre deux théories physiques incompatibles (relativité générale et physique quantique). Certaines de ces techniques sont sans aucun doute déroutantes mais leur efficacité est étourdissante. Tout ceci mériterait grandement d'être enseigné au moins pour partie avant le baccalauréat et permettrait de montrer aux étudiants à quel point la science est loin d'être une mécanique ennuyeuse qui en dévoilant le réel bannirait le merveilleux. De nombreuses personnes croient encore aujourd'hui bien davantage au pouvoir des mediums qu'aux prédictions extraordinaires de la relativité et l'un des objectifs de la zététique est précisément d'inculquer à nos concitoyens la dose d'esprit critique qui leur permettra de s'affranchir de ces superstitions tenaces. En fait, sans l'indéniable efficacité du GPS, donc sans cette incroyable relativité du temps qui leur paraît si invraisemblable, ces mêmes personnes seraient bien souvent incapables de conduire leur voiture jusqu'à l'adresse de leur voyante favorite.

La science est comme l'écrivait Einstein, « une tentative de tous les instants d'échapper au miracle » mais l'élucidation des mystères révèle des faits parfois inouïs (comme le paradoxe des jumeaux ou l'effet Sagnac) dont les imaginations les plus fertiles ne pouvaient même pas rêver. Cette capacité de dénicher des vérités contraires au sens commun est typique de la démarche scientifique. C'est pourquoi l'enseignement de la science devrait être ponctué autant de points d'exclamation que d'interrogation.

---

1. En fait, les physiciens ont imaginé l'expérience de Sagnac dès la fin du XIXe siècle : le but premier était de confirmer l'existence de l'éther, milieu supposé de propagation de la lumière.

Pour reprendre les propos de Bertrand Russell indiqués au début de ce livre, la vérité ne va pas de soi et est rarement cousue de fil blanc !

Le dogmatisme, c'est croire que quelque chose existe sans le montrer. Le propre de la science, c'est au contraire de montrer que l'incroyable existe.

> Avec le GPS, nous avons une illustration merveilleuse de la capacité de la science à débusquer l'inattendu : la recherche de la vérité recèle des surprises ahurissantes dont l'explication est un enchantement de tous les instants.
> L'incroyable existe et c'est la science qui l'a rencontré.

* 9.5. GPS et neutrinos supraluminiques

Subtil est le Seigneur mais il n'est point méchant.

Einstein

En septembre 2011, une équipe de chercheurs du CERN (Conseil européen pour la recherche nucléaire) a annoncé de façon tonitruante avoir détecté des neutrinos (particules élémentaires) se déplaçant à une vitesse légèrement supérieure à celle de la lumière (0,0025 % au dessus). Si le principe de vitesse limite (lui-même conséquence incontournable de l'invariance de la vitesse de la lumière dans les référentiels inertiels) est faux, cela signifie-t-il que mon lecteur aurait dû refermer ce livre depuis longtemps ou que la science nous racontait n'importe quoi depuis des lustres ?

Avant de répondre à cette question, il nous faut brièvement décrire cette expérience et nous verrons alors pourquoi celle-ci s'inscrit parfaitement dans le cadre du présent ouvrage.

Les neutrinos voyageraient donc plus vite que la lumière, si nous nous fions aux mesures de grande précision (proche de la nanoseconde) issues de l'expérience OPERA[1] (*Oscillation Project with Emulsion-tRacking*

---

1. OPERA est une expérience internationale de physique des particules, destinée à observer et étudier le phénomène d'oscillation de neutrinos. Le phénomène d'oscillation des neutrinos est leur capacité, prévue par la mécanique quantique de se transformer d'une « espèce » dans une autre parmi trois possibles : électronique, muonique et tauique. Ainsi un neutrino électronique produit par le Soleil pourrait lors du trajet Terre-Soleil devenir un neutrino muonique. Cette transformation présente un caractère à la fois réversible et périodique, d'où

Apparatus). Celle-ci consiste à produire des faisceaux de neutrinos, à l'aide des accélérateurs du CERN à Genève, et à les détecter 730 kilomètres plus loin, dans le laboratoire souterrain du Gran Sasso, en Italie. D'après ces résultats, le trajet de 730 km (à travers la roche épaisse) est parcouru allègrement par les neutrinos avec 60 nanosecondes d'avance sur les 2,4 millisecondes que la lumière mettrait à couvrir la même distance. Si ces chiffres sont exacts, nous devrions en conclure que la lumière franchirait la ligne au Gran Sasso avec 20 mètres de retard sur les neutrinos observés.

Le temps de vol des neutrinos a été déterminé selon les chercheurs du CERN avec une précision inférieure à 10 nanosecondes grâce à des moyens que nous détaillerons plus loin.

Le principe de la mesure de vitesse réalisée est assez simple : il suffit de diviser la distance parcourue (entre le CERN à Genève et le laboratoire du Gran Sasso en Italie) par l'intervalle de temps entre la création des neutrinos au CERN et leur détection au Gran Sasso.

La réalité est en fait un peu plus subtile. Les neutrinos sont des particules de très faible masse qui interagissent très peu avec la matière et sont en conséquence très difficiles à détecter. Ce que les chercheurs du CERN ont donc été obligés de faire est de bombarder des atomes de graphite avec un faisceau de protons d'énergie suffisante afin de produire par désintégration un faisceau de neutrinos. Une infime fraction de ces neutrinos produits au CERN de Genève sera détectée au Gran Sasso après avoir traversé sans encombre les 730 km de roche (les autres particules produites étant bloquées par cette barrière de roche). La mesure a consisté à comparer la distribution dans le temps du faisceau de départ (celui de protons) avec celle du faisceau de neutrinos détectés à l'arrivée. Nous ne savons pas quand exactement les neutrinos sont créés après l'émission du faisceau de protons (probablement dans le premier kilomètre) mais nous savons que ceux qui sont effectivement détectés au Gran Sasso sont issus de protons du faisceau de départ. On s'attend donc à ce que les deux distributions de part et d'autre aient une forme très similaire (c'est d'ailleurs ce que l'on constate). Le temps de vol moyen des neutrinos est obtenu en mesurant le décalage temporel entre les deux distributions. Il n'est pas possible d'estimer pour chaque neutrino individuel son temps de parcours car un neutrino particulier créé au CERN

le nom d'oscillation. Les appareils situés dans le laboratoire du Gran Sasso ont pour but de détecter des neutrinos tauiques issus de l'oscillation des neutrinos muoniques pendant leur parcours du CERN au Gran Sasso.

n'aurait aucune chance d'être détecté au Gran Sasso. Il faut créer un grand nombre de neutrinos à Genève pour en récupérer une petite partie en Italie, d'où les 15 000 détections au cours des trois années d'expérience.

Cette façon de procéder rend l'interprétation des données plus délicate que si les temps de vol avaient été mesurés sur des particules individuelles[1].

Cela dit, les principales sources d'erreurs possibles sont les suivantes :

– erreur sur l'estimation de la distance parcourue ;
– erreur sur les temps mesurés pour le faisceau de départ ;
– erreur sur les temps mesurés pour le faisceau d'arrivée.

Comment parvient-on à mesurer avec grande précision ces trois paramètres ?

Nous allons voir que le GPS est présent partout dans cette expérience !

Pour évaluer la distance entre le faisceau de départ (CERN de Genève) et le faisceau d'arrivée (Gran Sasso), on utilise le positionnement par GPS que nous avons amplement décrit précédemment. Comme il s'agit ici de points fixes, on peut bénéficier d'un grand nombre de données et on parvient ainsi à estimer la distance à 20 cm près (selon l'équipe du CERN mais le chiffre est plausible).

Pour le temps de vol, on utilise bien sûr des horloges atomiques de part et d'autre mais comment les synchroniser ?

Là encore, le GPS est appelé à la rescousse. Cette fois, on va l'utiliser pour fournir une référence très précise aux deux horloges distantes à régler.

Décrivons brièvement la méthode utilisée, qui est appelée transfert de temps par **vue simultanée** (de satellites GPS).

1. Chacune des deux horloges enregistre le temps d'arrivée du signal transmis au même instant par le satellite, t_A et t_B respectivement.

1. En effet il faut être sûr que l'on a bien estimé la vitesse des particules et non une vitesse de phase (c'est-à-dire la vitesse d'un point particulier d'une onde associée aux particules comme la crête d'une onde). La vitesse de phase ne correspond pas à la propagation physique réelle de quoi que ce soit et peut très bien dépasser la vitesse de la lumière en parfait accord avec la relativité. Attention à l'**effet paillasson** bien connu des zététiciens qui consiste à induire en erreur (volontairement ou non) en désignant une chose par un mot inapproprié (comme dans l'expression « s'essuyer les pieds sur le paillasson »). Ici parler de « temps de vol des neutrinos » pour les mesures effectuées peut prêter à confusion car la durée du parcours d'un neutrino individuel n'a jamais été mesurée directement.

2. On connaît de façon précise la position de nos deux horloges au sol ainsi que la position du satellite GPS (d'ailleurs grâce à la carte des quasars). On en déduit la distance entre chaque horloge et le satellite, r_A et r_B respectivement.
3. Le temps parcouru par le signal émis par le satellite jusqu'à chacune des horloges est égal à la distance divisée par c, r_A/c et r_B/c respectivement.
4. Il faut retrancher ou ajouter le délai Sagnac aux temps ci-dessus pour tenir compte du mouvement des horloges au sol entre l'émission du signal et sa réception (du fait de la rotation de la Terre). On obtient les temps τ_A et τ_B respectivement.
5. Le temps de transmission du signal par le satellite tel que « perçu » par chacune des horloges au sol est $(t_A - \tau_A)$ et $(t_B - \tau_B)$ respectivement.
6. Il ne reste plus qu'aux deux horloges à s'échanger leur écart $(t_A - \tau_A) - (t_B - \tau_B)$ pour que la synchronisation soit effective.

Nous avons vu qu'il faut explicitement prendre en compte les effets relativistes (distorsions temporelles affectant les horloges atomiques à bord des satellites) dus au mouvement et à la gravitation pour estimer la position à partir des signaux transmis par les satellites GPS. Pour ce qui concerne la synchronisation des horloges, l'effet Sagnac (purement relativiste) est impérativement à prendre en compte (voir l'annexe A pour plus de détails) car le signal transmis par le satellite est en direction d'une horloge située sur une sphère en rotation.

Attention ici à l'effet boomerang : peut-être a-t-on omis ou sous-estimé un effet relativiste à cause d'une compréhension imparfaite de la relativité. Après tout, les 60 nanosecondes d'avance mesurées sont typiquement de l'ordre de grandeur des effets relativistes que l'on rencontre habituellement pour le GPS.

Il faut en tout cas garder à l'esprit le constat suivant.

> Pour réaliser cette expérience et parvenir (peut-être) à la conclusion que le principe de vitesse limite est faux, il a fallu à nos chercheurs (pour déterminer finement la distance et le temps de vol des neutrinos) utiliser à pleine puissance la relativité restreinte et générale (via le GPS) dont les prédictions découlent précisément de ce principe de vitesse limite !

Ceci n'invalide pas nécessairement l'observation réalisée mais nous rappelle que les connaissances acquises ne s'écrouleraient pas pour autant si les mesures étaient confirmées.

Comme Einstein l'a écrit, le Seigneur est certes subtil mais il ne peut pas être méchant : le principe de vitesse limite a été vérifié tellement de fois et ses conséquences multiples ont été validées si souvent (avec une précision bien meilleure que celle d'OPERA) qu'un point singulier aberrant ne peut suffire à le rendre inopérant ou subitement intenable. Ce principe fonctionne si bien et a permis tellement d'applications concrètes depuis si longtemps qu'il est très peu vraisemblable que nous n'ayons rien compris !

Attention au mythe de la table rase : l'annonce fracassante sur ces neutrinos a certainement conforté dans l'esprit de nombreuses personnes l'idée que ce que nous raconte la science n'est pas fiable puisque les principes les mieux établis peuvent être renversés du jour au lendemain.

Or ce n'est pas comme cela que la science fonctionne : il est crucial de situer nos connaissances sur une échelle de vraisemblance. Par exemple, on peut considérer aujourd'hui que le principe de vitesse limite et l'évolution darwinienne des espèces par sélection naturelle sont validés au-delà du doute raisonnable tandis que l'origine catastrophique de la Lune (qui serait issue de l'impact de la Terre avec un corps de la taille de Mars) est plus controversée.

Le principe de vitesse limite a été vérifié de très nombreuses fois. La probabilité *a priori* qu'il soit non valide (au moins pour certaines particules) est donc très faible. Cela signifie que l'observation réalisée a peu de chances de le rendre caduc.

Il ne faut pas oublier qu'une affirmation extraordinaire requiert une preuve plus qu'ordinaire. Si l'on oublie le raisonnement bayésien[1] (qui s'appuie sur les probabilités *a priori*) et que l'on attribue à tort des probabilités *a priori* identiques à des connaissances diverses, on tombe sur l'**effet bof** qui conduit à des conclusions erronées à vitesse grand V.

Nos meilleures théories en fait ne meurent jamais. En revanche leur domaine de validité se restreint. La physique newtonienne continue à être utilisée efficacement pour calculer les trajectoires des sondes spatiales et la relativité continuera vraisemblablement à être utilisée dans son propre domaine de validité.

1. Le raisonnement bayésien, comme son nom l'indique, s'appuie sur le théorème de Bayes qui permet d'exprimer la probabilité d'une cause donnée sachant que n observations ont été réalisées en fonction des probabilités conditionnelles inverses (c'est-à-dire les probabilités des observations lorsque les causes sont présentes) et de la probabilité a priori de chaque cause possible.

Résumons ci-après quelques raisons qui *a priori* justifient notre prudence sur l'interprétation de l'expérience OPERA.

- Les particules utilisées sont insaisissables, difficiles à détecter et changeantes.
- Leur comportement est mal maîtrisé (le phénomène d'oscillation est encore mal compris).
- La vitesse observée est de peu supérieure à *c*.
- Des observations antérieures de neutrinos (sur la supernova SN 1987A) contredisent celle de l'expérience OPERA, même s'il s'agit ici d'une catégorie de neutrinos différente. Il faut donc imaginer que la violation observée serait dépendante de l'énergie.
- L'utilisation du GPS pour mesurer le temps de parcours de particules élémentaires est une première et à ce titre comporte un risque significatif que certains aspects cruciaux aient été négligés ou ignorés.
- Le GPS est une boîte noire dont les services sont fournis par l'armée américaine. Certaines informations importantes pourraient en conséquence nous être encore inconnues.
- L'observation est à ce jour unique et les sources d'erreurs potentielles sont nombreuses à ce stade.
- Les résultats annoncés n'ont pas encore fait l'objet de revues critiques détaillées et indépendantes.

Dans l'histoire relativement récente, des vitesses superluminiques ont déjà été mesurées pour certains objets astronomiques[1], en l'occurrence des jets de matière produits par des quasars (à des vitesses proches de celle de la lumière). Il s'agit en fait d'une illusion due au temps de propagation de la lumière : le jet se dirige vers la Terre en oblique, la distance horizontale mesurée est par conséquence inférieure à la distance réelle parcourue, mais l'intervalle de temps entre chaque nouvelle position mesurée du jet est plus faible que la valeur réelle car le trajet de la lumière dans la ligne de visée est plus court, d'où une vitesse apparente au-dessus de celle de la lumière (jusqu'à 10 fois celle-ci). Il ne semble pas qu'un tel effet soit à l'œuvre dans le cas de l'expérience OPERA mais sait-on jamais ?

Il y a un autre précédent qui peut nous inciter à la circonspection : les anomalies dans les trajectoires des sondes spatiales Pioneer 10 et 11 (un léger ralentissement inexpliqué appelé **effet Pioneer**). Il a fallu de nombreuses

1. Voir le livre de Gourgoulhon cité en bibliographie pour une démonstration plus détaillée de l'effet (paragraphe 5.6.4).

années pour que la cause la plus probable soit identifiée : la réflectivité de l'antenne de chaque sonde pointée vers la Terre. Une petite partie non négligeable de la chaleur dégagée par les générateurs thermoélectriques de la sonde serait rayonnée vers le dos de l'antenne et réfléchie par celle-ci dans la direction opposée, générant ainsi une légère poussée vers le Soleil.

Dernier précédent significatif : au début du XXe siècle, une bizarrerie constatée dans une expérience avait incité quelques physiciens à remettre en cause le principe de conservation de l'énergie. Tout compte fait, la solution trouvée fut nettement moins radicale : supposer l'existence d'une particule jusque-là inconnue qui serait très difficile à détecter, mais possèderait une énergie non nulle. Il s'agissait déjà du neutrino !

La leçon à tirer est qu'il faut d'abord s'assurer de la réalité d'un phénomène avant de tenter de l'expliquer et que même si le fait est avéré, les causes plus triviales ne doivent pas être sous-estimées, surtout si l'on est persuadé dès le début que la solution est plus radicale.

Il n'est pas exclu que l'observation du CERN soit en définitive confirmée par d'autres équipes indépendantes. Dans ce cas, que devrions-nous en conclure ?

Même dans cette hypothèse, rien ne permet d'affirmer que le principe de vitesse limite devrait être abandonné.

Citons deux exemples d'explications possibles qui resteraient compatibles avec la relativité : les neutrinos pourraient emprunter des raccourcis dans l'espace-temps courbe (le principe de vitesse limite ne s'applique que dans l'espace plat entre deux points) ou, autre solution, les neutrinos détectés auraient un comportement tachyonique (ils seraient créés avec une vitesse superluminique et ne pourraient jamais atteindre une vitesse inférieure à celle de la lumière). Ce sont deux possibilités qui ne renverseraient pas le principe de vitesse limite.

Cela ne signifie pas que ces hypothèses sont plausibles (ni qu'elles ne poseraient pas de problèmes sur d'autres plans) mais simplement que la remise en cause du principe de vitesse limite ne serait pas une conséquence automatique d'une observation avérée.

Dernier point qui mérite d'être souligné : le principe de vitesse limite est une restriction qui a ouvert splendidement le champ des possibles. De nombreuses personnes voient dans ce principe une limitation insupportable. Pourtant c'est cette impossibilité contre-intuitive qui est à l'origine de la relativité du temps, aux conséquences qu'on peut qualifier de fantastiques quoique parfaitement compréhensibles.

Mais c'est à nouveau au GPS que revient le dernier mot.

Les satellites GPS, infatigables messagers zélés de la relativité, tournicotant sans cesse au-dessus de nos têtes gonflées de préjugés insouciants et de vieilles lunes, nous répètent à l'envi : « Tenez votre droite, le principe de vitesse limite est correct ! » et sont en cela de formidables empêcheurs de penser en rond.

Dans cette histoire, on a donc bel et bien mesuré un excès de vitesse mais c'est dans l'annonce (ou l'interprétation) précipitée des résultats amplifiée par les médias qu'il faut le chercher et très vraisemblablement pas dans les neutrinos eux-mêmes. La vérité à tirer réellement de ces mesures me paraît pour l'instant aussi insaisissable que ces particules énigmatiques dont le comportement nous est encore pour une large part inconnu.

En attendant que toute la lumière soit faite sur cette affaire, rappelez-vous, cher lecteur, que cette expérience est d'abord une énième confirmation de la théorie de la relativité, grâce au GPS !

Épilogue
Remettons les pendules à l'heure

Remettre les pendules à l'heure peut difficilement être pris pour une perte de temps, mais ce n'est pas une mince affaire avec la relativité.

Nous allons pourtant nous y atteler dans cette conclusion en résumant ce que nous avons appris de précieux dans ce petit livre.

On peut dire que le GPS permet de répondre très précisément à la question : où sommes-nous ?

Notons au passage que pour la question « où allons-nous ? » la réponse est moins claire. Quand on ne sait pas où l'on va, il faut y aller le plus vite possible, si l'on en croit les Shadocks. C'est apparemment ce qu'a choisi l'univers puisque son expansion s'accélère.

La relativité nous a fait perdre notre temps, je veux dire celui imperturbable de la physique newtonienne. Le concept familier que malmène le plus la relativité, c'est le temps… en tout premier lieu.

Pour que le récepteur GPS puisse déterminer sa position à quelques mètres près, il faut connaître à la fois la position des satellites GPS et l'heure d'émission du signal avec une très grande précision. Pour la position, on se sert des quasars (grâce aux trous noirs), pour l'heure on se sert d'une part de la grande précision des horloges atomiques, d'autre part des corrections relativistes correspondant aux distorsions temporelles dues à la vitesse et à la gravitation qui affectent les horloges embarquées. Le concept singulier des temps multiples est bel et bien incontournable pour la bonne marche du GPS.

Des millions de récepteurs GPS sont à l'instant où j'écris ces lignes munis d'un logiciel qui incorpore d'une façon ou d'une autre des corrections relativistes.

Tous les utilisateurs ordinaires du GPS sont en conséquence devenus tributaires (souvent à leur insu) de la conception extraordinaire de l'espace et du temps due à Einstein qui en fut l'unique découvreur (car le seul à proposer une nouvelle théorie-cadre valable pour toute la physique).

Nous avons en outre montré qu'il est possible de calculer rigoureusement tous les effets relativistes (effet Sagnac inclus) à prendre en compte dans le GPS actuel en utilisant simplement la formule donnant la désynchronisation des horloges pour un mouvement quelconque ainsi que celle de composition des vitesses (toutes deux figurant dans l'article fondateur d'Einstein de 1905), plus celle donnant le décalage gravitationnel des fréquences (prédit par Einstein dès 1907).

Voici un petit diagramme pour résumer sans frais la situation :

Trous noirs → Carte des quasars → Position du satellite (à quelques mètres près)

Horloge atomique → Corrections relativistes → Temps d'émission du satellite (à quelques ns près)

↘ ↙

Position du récepteur GPS
(connue à quelques mètres près)

Ainsi donc, cher lecteur, la prochaine fois que vous entendrez « Tenez votre droite puis tout droit… », tranquillement installé dans votre Espace, prenez un peu de votre Temps et rappelez-vous qu'en fait, c'est un peu Einstein qui vous parle simplement et vous montre subtilement le chemin en empruntant sa voie très particulière…

Figure 9. Sans la relativité, pas de GPS !

Annexe A
Effet Sagnac et effet boomerang

Ce n'est pas notre ignorance qui nous attire des ennuis, ce sont nos fausses certitudes.

Mark Twain

Un peu de patience, cher lecteur, et vous comprendrez à la fin de cette annexe pourquoi l'effet Sagnac est également un splendide effet boomerang.

Qu'est-ce que l'**effet Sagnac** au sens classique, autrement dit si l'on se base sur l'expérience réalisée par le physicien Georges Sagnac en 1913 ?

C'est une asymétrie apparente[1] de la vitesse relative de signaux lumineux parcourant en sens inverse la circonférence d'un disque en rotation.

On appelle plus précisément « effet Sagnac » le décalage temporel dans la réception de signaux lumineux « tournant en sens inverse » quand ils sont émis par un émetteur-récepteur fixé sur un disque tournant.

En effet, si un émetteur placé sur un disque en rotation envoie deux signaux lumineux contraints de suivre (par un jeu de miroirs) la circonférence du disque, chacun dans un sens, les deux signaux reviennent à l'émetteur après un tour complet mais avec un **léger décalage temporel** qui dépend de la vitesse de rotation du disque.

Cet effet fut considéré à l'époque par certains comme une mise en défaut de la relativité restreinte, en particulier par Sagnac lui-même (qui pensait avoir démontré les effets du vent d'éther à l'aide d'un interféromètre en rotation

1. Il n'y avait asymétrie réelle que pour les partisans de l'éther, qui pensaient avec Sagnac détenir enfin une preuve de son existence, comme nous l'expliquerons plus loin.

là où Michelson et Morley avaient échoué) mais aussi, encore récemment, par quelques physiciens dans le courant des années 1990 (ce qui montre à quel point les préjugés sont tenaces dans ce domaine).

Quel est donc le problème « mis en lumière » par ces auteurs, la contradiction qui mettrait en doute la validité de la théorie ?

Le décalage dans l'arrivée des signaux est constaté avec des signaux lumineux qui paraissent avoir, dans le repère tournant, la même distance à parcourir (la circonférence du disque). Or la relativité restreinte stipule que la vitesse de la lumière dans le vide est invariante.

Cela semble mettre en évidence un désaccord avec la relativité. N'est-ce pas la preuve que la vitesse de la lumière n'est égale à c que dans un référentiel privilégié qui est l'éther ?

Pour démêler l'écheveau, nous allons dériver l'effet Sagnac dans le cadre de la relativité restreinte. Nous nous plaçons dans un référentiel d'inertie S ayant pour origine le centre du disque mais qui ne tourne pas avec le disque. Notons Ω la vitesse angulaire du disque et R son rayon. Si le signal est émis à la vitesse c dans le même sens que le disque tournant depuis un point O sur le disque (à l'instant zéro), le point O par rapport à S s'est légèrement déplacé avec le disque au moment où le signal revient en O à l'instant t.

Donc nous pouvons écrire pour un tour complet du signal :

$$ct = 2\pi R + R\Omega t$$

Remarquons que nous avons fait l'hypothèse de l'invariance de c dans S. Un signal émis à la vitesse c depuis un mobile (ici le disque tournant) lui-même en mouvement reste égale à c. En physique newtonienne, nous serions contraints de supposer que la vitesse du signal est $R\Omega + c$.

On en déduit :

$$t = \frac{2\pi R}{c - \Omega R}$$

Le signal arrive avec le retard t_1 par rapport au cas où le disque ne tourne pas :

$$t_1 = t - \frac{2\pi R}{c}$$

D'où, en remarquant que $R\Omega$ est petit devant c :

$$t_1 = \frac{2\pi R^2 \Omega}{c^2}$$

Pour un signal émis dans le sens contraire au disque tournant, on obtient par un raisonnement identique, l'avance dans la réception du signal en O :

$$t_2 = -\frac{2\pi R^2\Omega}{c^2}$$

Au final, l'intervalle de temps entre la réception des deux signaux en O est :

$$\Delta t = \frac{4\pi R^2\Omega}{c^2}$$

C'est l'écart qui a été effectivement mesuré par Sagnac.

L'effet observé est donc compatible avec la relativité restreinte même si les tenants de l'hypothèse de l'éther obtiennent aussi ce résultat par un autre raisonnement comme suit.

Si l'on suppose dans le cadre de la physique classique que la vitesse des signaux est c par rapport au référentiel du laboratoire (qui est supposé être celui de l'éther, milieu de propagation de la lumière), elle est $c - R\Omega$ ou $c + R\Omega$ dans le référentiel tournant (suivant le sens du signal) et il se trouve que cela conduit à la prédiction correcte (en première approximation).

En effet, avec l'hypothèse d'anisotropie de la vitesse de la lumière, l'intervalle de temps entre la réception des deux signaux en O est donné par :

$$\Delta t = \frac{2\pi R}{c - R\Omega} - \frac{2\pi R}{c + R\Omega} = \frac{4\pi R^2\Omega}{c^2 - R^2\Omega^2}$$

Ce qui redonne bien la formule obtenue dans un cadre relativiste (en remarquant que $R\Omega$ est petit devant c).

L'hypothèse exacte (dont la nécessité apparaîtra lors de l'extension de l'expérience de Sagnac à des signaux quelconques) est de supposer que la vitesse de chacun des signaux est c dans le référentiel tournant auquel cas la physique classique ne prédit aucun décalage temporel.

Il est juste de dire que l'expérience de Sagnac[1] avec les signaux lumineux ne permettait pas de départager la relativité restreinte et la théorie de l'éther (si on se limite à ce test).

C'est en se demandant ce que donnerait l'expérience si on la répète avec des signaux ou objets parcourant le disque en rotation avec une vitesse quelconque que les physiciens vont pouvoir trancher.

Voyons comment.

1. Historiquement, l'expérience telle que présentée par Sagnac lui-même est un bel exemple d'exposition sélective : en ignorant les prédictions relativistes, Sagnac conclut à tort que l'effet observé était une preuve solide de l'existence de l'éther. Il ne faut jamais oublier que chaque hypothèse doit être évaluée à l'aune des théories rivales.

> Universalité de l'effet Sagnac

Nous allons voir que les variantes de l'effet Sagnac sont encore plus troublantes que l'expérience initiale.

> L'effet Sagnac est indépendant de la vitesse des signaux (à condition qu'ils soient isotropes, c'est-à-dire que la vitesse de chacun des signaux voyageant en sens opposé soit identique par rapport au disque) et ne dépend que de la vitesse de rotation du disque.

L'effet Sagnac est donc universel. C'est prédit par la relativité restreinte et confirmé expérimentalement.

Même si la vitesse d'émission des deux signaux est identique dans le référentiel tournant se déplaçant à la même vitesse que l'émetteur-récepteur, après un tour complet des signaux, la théorie prédit que l'émetteur-récepteur constatera bien un décalage dans la réception des signaux. Il est important de voir que ce décalage est incompréhensible en physique classique, d'autant qu'il est observé pour des vitesses aussi petites que l'on veut (à condition qu'elles soient non nulles).

La raison de l'universalité de l'effet Sagnac apparaîtra plus clairement en développant les calculs.

Nous choisissons par convention de compter positivement les vitesses et les déplacements qui ont lieu dans le même sens que la rotation du disque et négativement pour le sens inverse.

Soit l_+ la longueur parcourue dans le référentiel du laboratoire par le signal voyageant dans le même sens que la rotation du disque et l_- la longueur parcourue par le signal voyageant en sens inverse. Les variables t_+ et t_- désignent les instants d'arrivée des signaux à l'émetteur-récepteur (dans le référentiel du laboratoire).

$$l_+ = 2\pi R + R\Omega t_+ \qquad l_- = -2\pi R + R\Omega t_-$$

Or nous avons $$l_+ = t_+ v_+ \ et \ l_- = t_- v_-$$

On en déduit : $$t_+ = \frac{2\pi R}{v_+ - R\Omega} \text{ et } t_- = \frac{-2\pi R}{v_- - R\Omega}$$

L'intervalle de temps mesuré dans le référentiel du laboratoire est donc :

$$\Delta t = t_+ - t_- = \frac{2\pi R}{v_+ - R\Omega} + \frac{2\pi R}{v_- - R\Omega}$$

La loi de composition des vitesses en relativité restreinte (formule 1.1) du paragraphe 1.3. permet d'exprimer v_+ et v_- en fonction de la vitesse v_0 par rapport au disque[1].

$$v_+ = \frac{v_0 + R\Omega}{1 + \frac{v_0 R\Omega}{c^2}} \quad \text{et} \quad v_- = \frac{-v_0 + R\Omega}{1 - \frac{v_0 R\Omega}{c^2}}$$

L'intervalle de temps mesuré dans le référentiel du laboratoire s'écrit alors (le terme v_0 disparaît car il est présent au dénominateur et numérateur) :

$$\Delta t = t_+ - t_- = \frac{4\pi R^2 \Omega}{c^2 (1 - \frac{R^2 \Omega^2}{c^2})}$$

L'intervalle de temps mesuré dans le référentiel tournant est donné par la formule (1.2) du paragraphe 1.4, qui est applicable pour un mouvement quelconque (en exploitant ici le fait que la vitesse $R\Omega$ est constante) :

$$\Delta t_0 = \int_0^{\Delta t} \sqrt{1 - \frac{R^2\Omega^2}{c^2}} dt = \Delta t \sqrt{1 - \frac{R^2\Omega^2}{c^2}}$$

Le décalage temporel[2] dans la réception des signaux (au niveau du récepteur-émetteur sur le disque tournant) est donc donné par :

$$\Delta t_0 = \frac{4\pi R^2 \Omega}{c^2 \sqrt{1 - \frac{R^2\Omega^2}{c^2}}}$$

Ce résultat est applicable quelle que soit la vitesse des signaux, y compris pour la vitesse de la lumière. On retrouve en fait le raisonnement précédemment explicité pour des signaux lumineux car la vitesse de chacun des signaux est c aussi bien dans le référentiel du laboratoire que dans celui du disque tournant. Cela montre bien que l'effet Sagnac est universel en ce sens qu'il ne dépend pas de la vitesse des signaux.

1. Bien que le référentiel tournant ne soit pas inertiel, la loi de composition des vitesses relativiste s'applique car tous les vecteurs vitesse en jeu sont colinéaires.
2. Ce décalage est nul en physique classique car la loi d'additivité des vitesses galiléenne s'applique pour l'expression de v_+ et v_- (le dénominateur dans la formule relativiste est égal à 1).

En effet le terme en c^2 dans l'effet Sagnac classique (avec des signaux lumineux) ne correspond pas à la vitesse des signaux utilisés (comme le croyait Sagnac lui-même) mais provient de la métrique de Minkowski propre à la relativité restreinte.

On pourrait s'étonner que la vitesse de la lumière reste égale à c y compris dans des référentiels accélérés.

En fait la vitesse de la lumière mesurée par tout observateur (inertiel ou accéléré) en un point où il se trouve[1] est toujours égale à c.

L'explication de l'effet Sagnac ne réside donc pas, contrairement à une idée assez répandue, dans l'anisotropie de la vitesse de la lumière dans les référentiels tournants.

Historiquement l'effet Sagnac a donné lieu à un nombre considérable de malentendus et d'erreurs de raisonnement, ce qui prouve à quel point la relativité (même restreinte) reste mal comprise. L'une des erreurs fréquentes est de ne pas raisonner réellement et complètement dans l'espace-temps régi par la métrique de Minkowski. Cela a conduit certains auteurs encore récemment à prétendre avoir identifié des paradoxes[2] (donc des incohérences) dans la relativité restreinte.

En fait seuls des physiciens non relativistes peuvent réellement prétendre que la vitesse des signaux serait différente selon le sens du parcours autour

1. Pour plus de détails, voir le paragraphe 4.5.2 du livre lumineux d'Éric Gourgoulhon cité en bibliographie.
2. Voir pour une « démystification » de ces paradoxes l'article de G. Rizzi et A. Tartzaglia, 1998, *Speed of Light on Rotating Platforms*, Foundations of Physics 28, 1663. Un exemple de pseudo-paradoxe est celui formulé par le physicien Selleri dans les années 1990. Si l'on fait l'hypothèse que les longueurs des chemins suivis par chacun des signaux dans le référentiel tournant sont égales, il s'ensuit que les vitesses sont différentes puisque les temps de parcours sont distincts (ils ne dépendent que du rapport $R\Omega/c$ qui est constant). Cela revient à supposer d'entrée l'anisotropie de la vitesse de la lumière dans le disque tournant (qui n'est pas un référentiel inertiel). Si l'on fait tendre le rayon du disque tournant vers l'infini tout en maintenant la vitesse angulaire $R\Omega$ constante, le référentiel tournant devient un référentiel d'inertie car l'accélération centrifuge en v^2/R tend vers zéro. Or les temps de parcours restent distincts car ils ne dépendent que du rapport $R\Omega/c$ qui est constant. Nous avons donc un référentiel d'inertie dans lequel deux signaux lumineux ont des vitesses différentes : le principe de l'isotropie de la vitesse de la lumière de la relativité restreinte est violé. Ce paradoxe est en fait une illusion car les longueurs des chemins parcourus par les signaux sont différentes (à cause de la contraction des longueurs) : l'isotropie est vérifiée en permanence par rapport au disque tournant car les rapports longueur/temps sont toujours égaux à c. Il ne faut jamais oublier que l'espace et le temps sont vraiment inséparables.

du disque. Comme nous l'avons déjà indiqué, la vitesse de la lumière, contrairement à une idée encore assez présente, reste égale à c pour tout observateur accéléré ou en rotation, pourvu que la mesure de cette vitesse soit effectuée au point où se trouve l'observateur.

> Effet Sagnac et paradoxe des jumeaux ter*

Deux jumeaux parcourent en sens opposé la même circonférence avec une vitesse identique quelconque non nulle (pouvant être aussi faible que l'on veut). Quand ils se rejoignent sur le disque en rotation, ils constatent un décalage entre les temps indiqués par leurs montres respectives, l'écart ne dépendant que de la vitesse de rotation du disque.

C'est certainement la variante de l'effet Sagnac la plus spectaculaire et la plus contre-intuitive.

Nous avons là un effet **totalement inexplicable** dans le cadre de la physique newtonienne ou de toute autre théorie qui conserverait l'idée d'un temps absolu.

> L'effet Sagnac est donc aussi un splendide **effet boomerang** : un effet qui était censé au départ invalider la relativité restreinte finit par en révéler toute la puissance !

Ce qui est remarquable est qu'il s'agit d'un phénomène typiquement relativiste qui se produit quelle que soit la vitesse non nulle des deux signaux émis : l'écart temporel constaté ne dépend pas de la vitesse par rapport au disque tournant.

En faisant un raisonnement faux[1], on peut dériver l'effet Sagnac en physique classique dans le cas où la vitesse des signaux est c. En revanche, seule la relativité permet de prédire l'effet Sagnac indépendamment de la vitesse des signaux et d'expliquer l'effet (décalage) observé sur les horloges.

Allons un peu plus loin dans notre analyse de l'effet Sagnac pour définitivement enfoncer le clou.

---

1. Rappelons que si l'on croit à l'existence de l'éther, cela revient à supposer que la vitesse de la lumière est c dans le référentiel du laboratoire (donc par rapport à l'éther) et $c - R\Omega$ ou $c + R\Omega$ dans le référentiel tournant conformément à la loi galiléenne d'additivité des vitesses.

L'effet Sagnac est **un cas particulier de dilatation relativiste des durées**. Plus précisément, cet effet apparaît dès lors que nous devons transporter des horloges initialement synchronisées sur un disque ou une sphère en rotation.

Pour clarifier ce point, il nous faut revenir à la fameuse expérience de Hafele et Keating de 1971.

La prédiction de la relativité restreinte (détaillée au chapitre 4) liée au double mouvement (dilatation des temps) se décompose en deux termes, l'un proportionnel à v^2/c^2, l'autre proportionnel à v/c^2.

Intéressons-nous à ce dernier terme de plus près. La formule donnant le décalage temporel entre horloges embarquées et horloges au sol est, rappelons-le, donnée par :

$$\Delta t = \Delta t_0 (1 - \frac{v^2}{2c^2} - \frac{v \Omega R \cos \lambda}{c^2} + \frac{g\,h}{c^2})$$

Si l'on veut coller au paradoxe des jumeaux ter, cela revient à prendre $h = 0$. Pour simplifier, supposons que le voyage de nos jumeaux se fasse en outre exactement à l'équateur ($\lambda = 0$). D'autre part, nous faisons l'hypothèse que les jumeaux se déplacent à une vitesse très faible. Nous pouvons donc négliger le terme en v^2/c^2.

La formule devient alors :

$$\Delta t = \Delta t_0 (1 - \frac{v \Omega R}{c^2})$$

Si le jumeau parcourt en tout une longueur L (en suivant l'équateur), on aura :

$$\Delta t_0 = \frac{L}{v}$$

En conséquence, le décalage temporel s'écrit :

$$\Delta t = \Delta t_0 - \frac{L \Omega R}{c^2}$$

Le signe « – » ci-dessus est à remplacer par « + » si le voyage s'effectue en sens opposé.

L'écart entre les horloges des deux jumeaux sera donc au point de rencontre :

$$\Delta t = \frac{2 L \Omega R}{c^2}$$

Nous retrouvons bien ici l'effet Sagnac universel : le décalage ne dépend pas de la vitesse sur le référentiel tournant, seulement de la vitesse de rotation et de la longueur parcourue.

Pour un tour complet de la Terre, $L = 2\pi R$.

Il en résulte qu'une horloge mobile effectuant très lentement vers l'est un voyage autour du monde à l'équateur retardera à son retour au point de départ d'environ 207 nanosecondes (par rapport à une horloge restée sur place). De même, une horloge mobile effectuant très lentement vers l'ouest un voyage autour du monde à l'équateur avancera à son retour au point de départ d'environ 207 nanosecondes[1].

Ces écarts sont présents dans les mesures quelle que soit la vitesse adoptée pour faire un tour complet à l'équateur.

Si l'on imagine des tortues faisant le tour de la Terre (ou de tout autre disque ou sphère en rotation) à la même vitesse en sens inverse, elles ne se retrouveront pas à leur point de départ au même instant. C'est le **paradoxe des tortues**. Toutefois ce n'est pas un vrai paradoxe puisque cette prédiction est correcte même si elle nous semble bien étrange de prime abord.

En fin de compte, nous réalisons que la **désynchronisation** des horloges transportées sur le disque en rotation est à l'origine de l'effet Sagnac, c'est-à-dire du décalage dans la réception des signaux ou dans l'arrivée des jumeaux au point de départ[2].

Signalons pour que tout soit bien clair que la durée du voyage de chaque jumeau pour faire un tour complet sera identique telle que mesurée par son horloge embarquée (donc dans son référentiel propre), bien que les deux horloges soient désynchronisées à l'arrivée. Tout ceci est cohérent car vu du référentiel tournant, il y a à la fois désynchronisation des horloges et décalage dans l'arrivée des jumeaux à leur point de rencontre.

Voyons comment calculer ces durées mesurées par les horloges attachées aux jumeaux.

---

1. On lit encore parfois que l'effet Sagnac n'aurait jamais été validé sur des objets macroscopiques : les expériences de type Hafele-Keating ont bel et bien permis de vérifier cet effet sur des objets macroscopiques, en l'occurrence des horloges !
2. Voir le livre de Gourgoulhon cité en bibliographie pour une démonstration similaire : l'auteur commence par déterminer la désynchronisation des horloges transportées sur un disque tournant (paragraphe 13.3.4) puis dérive le délai Sagnac à partir de cette désynchronisation (paragraphe 13.5.1).

Il suffit d'utiliser la formule (1.2) avec la vitesse du voyageur par rapport au laboratoire, qui s'obtient par la formule de composition des vitesses relativiste (1.1).

La durée d'un voyage dans le sens de la rotation telle que mesurée par le voyageur est donc :

$$\sqrt{1-\frac{\left(\dfrac{v_0+R\Omega}{1+\dfrac{v_0 R\Omega}{c^2}}\right)^2}{c^2}}\times\frac{2\pi R}{v_0\,(1-\dfrac{R^2\Omega^2}{c^2})}\,(1+\frac{v_0 R\Omega}{c^2})$$

La durée d'un voyage dans le sens inverse de la rotation telle que mesurée par le voyageur sera de même :

$$\sqrt{1-\frac{\left(\dfrac{v_0-R\Omega}{1-\dfrac{v_0 R\Omega}{c^2}}\right)^2}{c^2}}\times\frac{2\pi R}{v_0\,(1-\dfrac{R^2\Omega^2}{c^2})}\,(1-\frac{v_0 R\Omega}{c^2})$$

Il est facile de montrer que chacune des expressions précédentes est identique à celle qui suit :

$$\frac{2\pi R}{v_0\sqrt{1-\dfrac{R^2\Omega^2}{c^2}}}\,\sqrt{1-\frac{{v_0}^2}{c^2}}$$

Nous en déduisons que la durée mesurée par chacun des voyageurs parcourant en sens inverse la circonférence d'un disque en rotation à la même vitesse sera rigoureusement identique dans les deux cas.

Récapitulons dans un tableau les durées mesurées dans les différents référentiels pour illustrer la somptueuse symphonie des temps multiples composée par l'effet Sagnac.

Repère	*Durées mesurées pour un tour complet*	
	Dans le sens de la rotation	Dans le sens inverse de la rotation
Labo	$\frac{2\pi R}{v_0 (1 - \frac{R^2\Omega^2}{c^2})} (1 + \frac{v_0 R\Omega}{c^2})$	$\frac{2\pi R}{v_0 (1 - \frac{R^2\Omega^2}{c^2})} (1 - \frac{v_0 R\Omega}{c^2})$
Disque tournant	$\frac{2\pi R}{v_0 \sqrt{1 - \frac{R^2\Omega^2}{c^2}}} (1 + \frac{v_0 R\Omega}{c^2})$	$\frac{2\pi R}{v_0 \sqrt{1 - \frac{R^2\Omega^2}{c^2}}} (1 - \frac{v_0 R\Omega}{c^2})$
Voyageur sur disque tournant	$\frac{2\pi R}{v_0 \sqrt{1 - \frac{R^2\Omega^2}{c^2}}} \sqrt{1 - \frac{v_0^2}{c^2}}$	$\frac{2\pi R}{v_0 \sqrt{1 - \frac{R^2\Omega^2}{c^2}}} \sqrt{1 - \frac{v_0^2}{c^2}}$

La différence entre les durées mesurées par rapport au disque tournant n'est autre que le délai Sagnac (qui ne dépend pas de la vitesse v_0 par rapport au disque), tandis que le voyage dans les deux sens a une durée identique telle que mesurée par des horloges attachées aux voyageurs (qui sont par conséquent désynchronisées à leur point de rencontre).

En ce qui concerne le globe terrestre, peut-on échapper à l'effet Sagnac lors d'un vol donné ?

La réponse est oui et de deux façons : on peut soit suivre un méridien, soit emprunter une trajectoire par exemple en forme de 8 qui permet d'annuler l'effet.

Ce dernier cas a été testé en réel en 1975 lors d'une expérience américaine destinée à vérifier plus précisément l'effet gravitationnel sur des horloges (donc en minimisant les autres effets relativistes). Les résultats obtenus ont confirmé sans ambiguïté les prédictions de la relativité.

> Synchronisation des horloges à la surface de la Terre

Une chose est sûre, si l'on veut synchroniser des horloges situées à différents endroits du globe, la prise en compte de l'effet Sagnac est incontournable, que vous transportiez l'horloge de référence sur place ou que vous transmettiez par un signal électromagnétique la valeur correcte au site de l'horloge à régler (par exemple par l'intermédiaire des satellites GPS).

Vous savez désormais qu'il faudra appliquer immanquablement la « correction Sagnac » proportionnelle à $2A\Omega/c^2$, où A est la projection équatoriale de la zone délimitée par le chemin suivi par l'horloge (ou le signal électromagnétique) et les droites reliant les sites des deux horloges au centre de la Terre, et Ω la vitesse angulaire de la Terre.

Y aurait-il un moyen de transporter à la surface de la Terre une horloge sans la désynchroniser du fait des effets relativistes ?

Le seul moyen serait de suivre un méridien terrestre à très faible vitesse. Dans ce cas, l'effet Sagnac et l'effet Doppler du second ordre seraient négligeables. Par ailleurs, la distance au centre de la Terre varie certes mais la vitesse de rotation augmente avec le rayon et nous avons déjà remarqué que les effets dus à la gravitation et au mouvement se compensent exactement partout sur le géoïde terrestre (au relief près). Dans ce cas idéal, nous pourrions effectivement transporter notre horloge étalon jusqu'à l'horloge à régler en l'affranchissant des distorsions temporelles relativistes.

> Une application pratique de l'effet Sagnac : le gyrolaser

Les discussions précédentes ne sont pas condamnées à rester confinées dans un espace abstrait.

Un gyrolaser est un petit engin rendu possible par la « magie » de la relativité restreinte.

Il est composé d'une source de lumière (en fait un rayon laser) et d'un triangle équilatéral qui constitue le circuit à parcourir par la lumière. La source est divisée en deux faisceaux lumineux qui sont émis depuis le milieu de la base du triangle vers chacun des miroirs qui le redirige vers le troisième sommet. La vitesse de la lumière étant identique dans les deux sens, si le triangle est animé d'un mouvement de rotation dans son plan, les deux faisceaux n'atteignent pas le sommet au même instant : c'est l'effet Sagnac que nous venons d'expliquer. Le décalage dans l'arrivée des deux faisceaux se traduit par une interférence au sommet du triangle. Un détecteur photoélectrique est utilisé afin de mesurer le défilement des raies de cette interférence (en particulier le sens), dont la fréquence est proportionnelle à la vitesse de rotation du triangle. En disposant trois circuits de ce type selon un trièdre, nous pouvons déterminer la totalité des mouvements d'un mobile (par exemple un avion) selon les trois axes comme avec un gyroscope mécanique. Si l'on complète ce système par des accéléromètres, l'ensemble constitue une centrale à inertie en ordre de marche.

Un gyrolaser est un **gyromètre***, c'est-à-dire un instrument qui mesure les déplacements angulaires. Il existe aussi son équivalent pour les déplacements longitudinaux : l'accéléromètre. Celui-ci fournit l'accélération relative par rapport à la Terre du mobile. Ensemble, ils sont capables de mesurer tous les types de déplacement. Historiquement, les instruments de ce type qui n'utilisent pas de références extérieures sont dits inertiels puisque c'est grâce à leurs inerties face à la modification du mouvement qu'il devient possible de mesurer les déplacements qu'ils subissent. Pour des applications de navigation dite inertielle, puisque l'on est capable de mesurer des déplacements tant longitudinaux qu'angulaires, on peut déterminer la position de l'avion à partir de sa position initiale, supposée connue.

Quel est l'intérêt de coupler le GPS avec une centrale inertielle à gyrolasers ?

Le système GPS se sert de références extérieures, en l'occurrence les satellites. Ceux-ci n'ont pas besoin de connaître une quelconque situation initiale pour être capable de donner une position précise. Toutefois la précision repose sur la condition de pouvoir capter les signaux d'au moins quatre satellites. Or ces conditions ne sont pas si facilement remplies, par exemple dans les zones montagneuses ou en milieu urbain où l'environnement peut créer des réflexions parasites qui viennent ainsi dégrader le signal.

Le GPS ne donne pas d'information sur l'attitude du mobile, c'est-à-dire sur l'orientation du mobile par rapport à la Terre mais fournit la position géographique du mobile. La centrale inertielle, constituée de gyrolasers et d'accéléromètres, fournit la vitesse et la distance parcourue et a besoin de connaître la position initiale du mobile qui est fournie par le GPS. GPS et centrales inertielles se complètent donc très bien d'où leur succès. Par exemple, l'avion français Rafale utilise pour sa navigation une centrale inertielle à gyrolasers et un récepteur GPS.

Les avantages du gyrolaser par rapport à un gyromètre mécanique (qui est basé sur la rotation de pièces mécaniques par un système de toupie) sont liés principalement à l'absence dans son principe de fonctionnement de toute pièce mécanique : une meilleure précision car beaucoup moins de dérive, moins d'entretien, enfin pas de frottement donc une usure des pièces réduite. Signalons qu'il existe aussi des gyromètres à fibre optique basés également sur l'effet Sagnac. Le milieu de propagation étant constitué de fibres optiques enroulées (sur plusieurs kilomètres !), la vitesse de la lumière est diminuée à cause de la réfraction mais le délai Sagnac reste inchangé comme nous l'avons expliqué. Des recherches sont également en cours pour mettre au point des gyrolasers à état solide (basés sur des condensats de Bose-Einstein). D'autres générations de gyromètres à effet Sagnac (donc relativistes) verront certainement le jour en offrant des avantages accrus par rapport à leurs prédécesseurs.

Notons que les gyrolasers ont commencé à équiper les avions Boeing dès 1978. La plupart des avions de lignes en sont aujourd'hui pourvus.

Grâce à un effet purement relativiste que les intuitions les plus farfelues n'avaient osé imaginé[1], il est devenu possible de détecter un mouvement de rotation sans observer ses effets sur un système mécanique[2] lui-même en mouvement (comme une toupie ou un pendule de Foucault[3]).

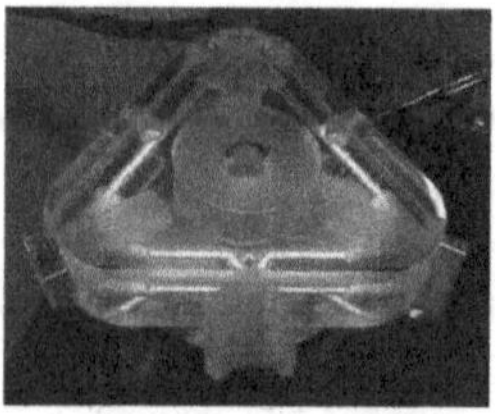

Figure 10. Un exemple de gyrolaser

La photo ci-dessus est celle d'un gyrolaser hélium-néon.

L'image n'est pas sans évoquer le convecteur temporel (en forme de *Y*) propulsant la voiture à voyager dans le temps de la sympathique trilogie cinématographique *Retour vers le futur* de Robert Zemeckis !

1. La relativité du temps, qui est à l'origine de l'effet Sagnac, est à ma connaissance un magnifique exemple de prédiction scientifique ayant échappé aux imaginations les plus audacieuses durant les siècles passés, ce qui prouve à la fois que la nature nous réserve toujours des surprises et que la méthodologie scientifique a la capacité de les découvrir et de les comprendre.
2. Précisons quand même que les systèmes mécaniques fondés sur les effets de la force de Coriolis constituent encore aujourd'hui une part importante des gyromètres.
3. L'appareil est un long pendule libre d'osciller dans un plan vertical. Le plan d'oscillation considéré semble tourner par rapport à la Terre mais en fait il reste fixe dans l'espace pendant que la Terre effectue un tour complet sous le pendule une fois par jour. On peut déduire, à partir de la seule mesure de la déviation au sol du plan d'oscillation, la latitude du lieu où se trouve le pendule.

Rappelez-vous que ce petit dispositif ingénieux repose sur une prédiction incompréhensible pour un physicien non relativiste : deux signaux faisant chacun en sens inverse le tour complet d'un disque en rotation à la même vitesse ne parviennent pas au même instant à l'émetteur (et ce quelle que soit leur vitesse) !

Ce petit engin défiant le sens commun constitue une application concrète de la relativité du temps et est aujourd'hui une aide précieuse au pilotage de satellites, fusées, avions et sous-marins.

Pour finir cette annexe en beauté, résumons l'effet boomerang par un dessin retraçant l'historique amusant des expériences de type Sagnac (merci de parcourir la boucle en démarrant par le bas).

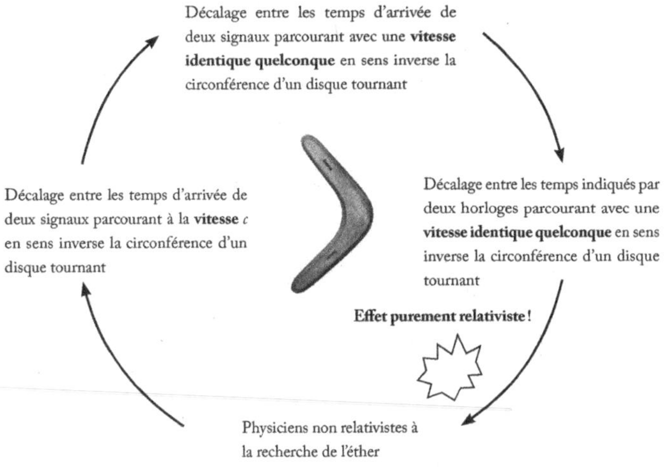

Figure 11. L'effet Sagnac en tant qu'effet boomerang

En croyant avoir trouvé une expérience qui prouvait enfin l'existence de l'éther (là où avaient échoué Michelson et Morley), les physiciens nostalgiques de la physique classique ont en fait « mis en lumière » un effet purement relativiste : d'abord l'effet Sagnac est reproductible avec n'importe quels objets faisant le tour en sens inverse d'un disque en rotation (à n'importe quelle vitesse), mais le coup de grâce est donné par les expériences de type Hafele-Keating, qui démontrent que l'effet Sagnac, dernier espoir des adeptes de l'éther, est une lumineuse conséquence de la relativité du temps, qui implique de renoncer pour toujours au temps absolu.

Annexe B
Controverse Einstein-Poincaré

Il faut encore faire [pour la nouvelle mécanique] une troisième hypothèse beaucoup plus surprenante, beaucoup plus difficile à admettre, qui gêne beaucoup nos habitudes actuelles. Un corps en mouvement de translation subit une déformation dans le sens même où il se déplace… ; quelque étrange qu'il nous paraisse, il faut admettre que la troisième hypothèse est parfaitement vérifiée.

Poincaré (1909)

L'affirmation audacieuse selon laquelle on ne peut jamais observer de vitesses supérieures à celle de la lumière contient une restriction hypothétique au niveau de ce qui nous est accessible, restriction que l'on ne peut accepter sans réserve.

Lorentz (1913)

La principale raison de mon échec pour la découverte de la relativité restreinte fut de m'être accroché à l'idée que seule la variable t *pouvait être considérée comme le temps réel, et que mon temps local* t' *ne devait être regardé que comme une simple grandeur mathématique auxiliaire.*

Lorentz (1915)

Il semble que Poincaré n'ait soit jamais compris, soit même jamais accepté la théorie de la relativité restreinte.

Abraham Pais (1993[1])

Cette annexe a pour objet de fournir à mon lecteur une réponse claire à un débat ressassé remis au goût du jour en 2005 à l'occasion de la commémoration de l'année 1905 où Einstein publia cinq articles historiques.

La polémique en question mérite à mon sens réellement d'être clarifiée car de nombreux enseignants ou étudiants pourraient être désireux d'obtenir des éclaircissements dans une discussion souvent confuse.

La controverse fallacieuse sur la paternité de la relativité restreinte que certains (surtout en France) voudraient voir attribuer à Poincaré révèle un état d'esprit qui laisse perplexe et en tous les cas constitue un contresens total quand on examine les faits historiques. Nous avons là au moins une opportunité pour améliorer notre compréhension de l'évolution des idées en physique et montrer à quel point la relativité, en tant que théorie cohérente, est une idée initiée puis développée presque exclusivement par Einstein.

Pour dissiper à l'avance tout malentendu, il nous faut tout d'abord indiquer (ou rappeler) quelle est la place qui revient à Poincaré dans l'histoire des sciences. Poincaré a été sans conteste l'un des plus grands mathématiciens de son temps ainsi qu'un physicien remarquable. À cela s'ajoute également la qualité de ses réflexions philosophiques souvent pénétrantes sur la démarche et les concepts scientifiques. Ce préalable étant posé, intéressons-nous à la genèse de la relativité restreinte.

La controverse Einstein-Poincaré[2], dont les premiers échos remontent aux années 1920, demeure hélas nourrie par des publications d'ouvrages de vulgarisation à grand tirage qui perpétuent une méconnaissance chronique de la relativité.

1. Cette remarque de Pais se trouve en page 167 de son livre *Einstein, la vie et l'œuvre*, cité en bibliographie. L'ensemble de la section « Poincaré et Einstein » fournit un éclairage très intéressant sur les rapports entre Einstein et Poincaré. Pour une évaluation honnête des contributions de Poincaré à la relativité restreinte (son rôle important de précurseur), voir également les pages 124-128 ainsi que la section « Poincaré et la troisième hypothèse » pages 164-165.
2. Mon lecteur trouvera une analyse proche de la mienne concernant les tentatives de révisionnisme scientifique à propos de l'origine de la relativité restreinte dans le livre d'Alexandre Moatti *Einstein, un siècle contre lui*. Voir la section page 223 « Poincaré, une querelle franco-française et corporatiste ».

Avons-nous oui ou non des raisons valables de considérer que Poincaré avant Einstein aurait élaboré la théorie de la relativité restreinte ?

Avant de nous pencher en détail sur le fossé réel séparant Poincaré et Einstein en ce qui concerne la relativité, il me semble capital de citer les principales contributions d'Einstein en physique[1] (ses articles majeurs).

L'année magique 1905 (les 5 premiers articles sont tous des pierres angulaires de la physique) :

1. Quantum de lumière et effet photoélectrique[2] (qui lui vaudra le prix Nobel), achevé le 17 mars. Einstein est le premier à introduire le concept de photon dont l'énergie proportionnelle à la fréquence s'avérera indispensable pour le fonctionnement des horloges atomiques elles-mêmes cruciales pour le GPS.
2. Une nouvelle détermination des dimensions moléculaires, achevé le 30 avril. Il s'agit de sa thèse de doctorat et c'est son article le plus souvent cité dans la littérature scientifique. Cet article confirme l'existence des atomes[3], hypothèse qui était encore fort controversée à l'époque.
3. Le mouvement brownien[4], reçu le 11 mai (prolongement direct de son travail de thèse). Cet article contient une utilisation brillante des fluctuations statistiques.
4. Le premier article sur la relativité restreinte, reçu le 30 juin. Cet article est une réussite mémorable autant par le contenu que par le style. Einstein montre qu'il est possible de fonder une nouvelle cinématique sur deux

1. Le détail historique des articles d'Einstein qui sont listés dans ce paragraphe est en large partie inspiré de l'excellente biographie d'Abraham Pais consacrée à Einstein, *Einstein, la vie et l'œuvre*, citée en bibliographie.
2. On désigne par effet photoélectrique l'émission d'électrons par un matériau soumis à l'action de la lumière. Einstein fut le premier à fournir l'explication en introduisant le concept de photon ou quantum de lumière.
3. De façon indirecte et non explicite, Einstein montre que les présupposés de l'homéopathie sont intenables. En effet comment croire à des effets éventuels lorsque les molécules susceptibles d'être à l'origine de la propriété chimique attendue ne sont même plus présentes dans la substance compte tenu du fort taux de dilution ?
4. Il s'agit du mouvement aléatoire, donc très irrégulier, d'une particule immergée dans un fluide (suffisamment grosse pour être visible) et qui subit les chocs incessants avec les molécules minuscules invisibles du fluide environnant. Einstein est le premier à donner une description quantitative du mouvement brownien et il montre brillamment que des mesures faites sur le mouvement observé permettent de déduire la dimension des molécules et de confirmer en conséquence leur existence.

simples postulats (la constance de la vitesse de la lumière dans le vide et le principe de relativité galiléen) et ainsi d'unifier la mécanique et l'électromagnétisme. Il montre également qu'on peut dériver de ces deux postulats l'ensemble des résultats déjà obtenus (sur la base d'effets mécaniques hypothétiques) par Lorentz et Poincaré. Il prédit également pour la première fois (pour des horloges) un effet inédit révolutionnaire qui sera appelé plus tard le paradoxe des jumeaux, et qui constitue un élément essentiel (quoique souvent négligé) pour la compréhension de la théorie.

5. Le second article sur la relativité restreinte, contenant la célèbre formule $E = mc^2$ sur l'équivalence masse-énergie, reçu le 27 septembre. En fait Einstein n'a pas explicitement écrit la formule dans cet article mais l'a simplement expliquée par une phrase.
6. Un second article sur le mouvement brownien, reçu le 19 décembre.

Ensuite ses publications majeures furent :

7. Article fondamental de 1906 sur les chaleurs spécifiques des solides, qui constitue le premier article jamais écrit sur la théorie quantique de l'état solide.
8. Article génial de 1907 (« l'idée la plus heureuse de ma vie ») contenant pour la première fois l'utilisation du principe d'équivalence pour les systèmes uniformément accélérés : premières prédictions dans un espace plat donnant l'expression correcte du décalage gravitationnel vers le rouge (cet effet, s'il n'était pas pris en compte de nos jours pour le GPS, conduirait à une erreur considérable sur l'estimation de la position fournie par les satellites) et le principe (non le calcul) de la déviation de la lumière au passage d'un corps massif. C'est la première étape cruciale sur la longue route d'Einstein vers l'achèvement de la relativité générale.
9. 1908-1909 : plusieurs articles sur le rayonnement du corps noir, qui constituent des contributions majeures à la théorie quantique.
10. Un article de 1910 sur l'opalescence critique[1], son dernier grand travail sur la physique statistique classique.
11. En juin 1911, Einstein revient à la relativité générale et calcule pour la première fois la déviation des rayons lumineux mesurables lors d'une éclipse totale du soleil, mais le raisonnement s'effectuant toujours dans un espace plat (c'est un prolongement de l'article de 1907), la valeur est la moitié du chiffre correct.

1. Un état de matière bizarre oscillant entre les phases gazeuse et liquide.

12. À partir de 1912, Einstein comprend que la relativité générale a besoin d'un espace-temps courbe et collabore avec Grossmann sur la géométrie non euclidienne. Désormais Einstein utilise une métrique non euclidienne.
13. Fin juin-début juillet 1915 : Einstein donne 6 conférences à Göttingen sur la relativité générale où le mathématicien Hilbert prend connaissance des avancées importantes d'Einstein.
14. Le 18 novembre 1915, Einstein pour la première fois obtient la valeur correcte pour l'avancement du périhélie[1] de la planète Mercure (résidu de 43 secondes par siècle). Ce résidu inexplicable par la physique newtonienne était connu depuis l'annonce de Le Verrier en 1859. Einstein résout ainsi un problème vieux de près de 60 ans ! Il s'agit en fait d'une rétrodiction[2] puisque la théorie permet d'expliquer un fait avéré mais jusque-là d'origine inconnue. L'avancement séculaire prédit par la physique newtonienne en tenant compte des perturbations gravitationnelles induites par les planètes environnantes est de 529 secondes d'arc. L'avance mesurée est de 572 secondes d'arc. Le résidu observé correspond à la prédiction propre à la relativité générale. C'est certainement le résultat qui eut le plus fort impact psychologique sur Einstein. Dans le cadre de la physique newtonienne, une planète en orbite autour d'une masse parfaitement sphérique suivra invariablement la même ellipse autour de son étoile. Dans le cadre de l'espace courbe de la relativité générale, cette ellipse va progressivement tourner autour de l'étoile et faire un tour complet. Les perturbations gravitationnelles induites par les autres planètes provoquent un effet similaire mais le résidu inexplicable en physique newtonienne est une manifestation de la courbure de l'espace-temps.
15. Le 25 novembre 1915, Einstein publie un article monumental dans lequel la structure logique de la relativité générale est achevée. David Hilbert avait publié 5 jours plus tôt son propre article contenant la forme définitive des équations du champ gravitationnel.
16. Juin 1916 : premier article sur les ondes gravitationnelles[3].

---

1. Le périhélie est le point de l'orbite d'un corps céleste (planète, comète, etc.) qui est le plus rapproché du Soleil autour duquel il tourne. L'antonyme de périhélie est aphélie.
2. Une rétrodiction est l'explication par la théorie d'un événement passé, alors qu'une prédiction ne concerne normalement que des événements futurs. Par exemple, Halley, en observant en 1681-1682 une comète qui portera son nom, grâce à la théorie de la gravitation de Newton, put annoncer non seulement le retour au périhélie des comètes périodiques et prédire ainsi le retour de cette comète pour 1758, mais aussi il rétrodit (expliqua) des apparitions de comètes observées sans savoir que c'était la même.
3. Rides de l'espace-temps courbe qui se propagent à la vitesse de la lumière.

17. 1916-1917 : articles sur la théorie quantique (concernant principalement l'émission spontanée qui plus tard ouvrira la voie à l'invention du laser et des horloges atomiques).
18. Février 1917 : premier article sur la cosmologie où il introduit le terme cosmologique. Il ne prend pas sa théorie au mot et n'anticipe donc pas l'expansion de l'univers. Cette prédiction[1] qui ne fut pas formulée par Einstein est confirmée par les observations de Hubble et sa célèbre loi publiée en 1929 et constitue une preuve du remarquable pouvoir de prédiction[2] de la relativité générale. Suite aux observations de Hubble, Einstein renoncera en 1931 au terme cosmologique qu'il jugera alors inutile et injustifié.
19. Février 1918 : second article sur les ondes gravitationnelles.
20. Novembre 1919 : les observations de mai menées par Eddington (lors de l'éclipse totale de soleil) confirment les prédictions d'Einstein sur la déviation des rayons lumineux (même si la précision des mesures était médiocre) et contribuent à en faire une figure mythique.
21. Janvier 1922 : premier article sur la théorie des champs unifiés[3].
22. Novembre 1922 : Einstein reçoit le prix Nobel de physique pour 1921 (c'est son travail génial sur l'effet photoélectrique qui lui vaut ce prix). Principalement pour cette contribution majeure, Einstein est considéré à juste titre comme l'un des pères fondateurs de la physique quantique (avec Planck et Bohr).
23. Juillet 1923 : la découverte de l'effet Compton[4] met fin à une opposition tenace au concept de photon introduit par Einstein en 1905.
24. Décembre 1924 : article sur ce qui sera appelé plus tard la condensation de Bose-Einstein[5].

---

1. Le physicien Alexandre Friedmann fut le premier à proposer un modèle d'univers en expansion en 1922 basé sur la relativité générale, donc avant les observations de Hubble.
2. Le pouvoir de prédiction d'une théorie est sa capacité à déduire des phénomènes nouveaux susceptibles d'être observés.
3. L'élaboration d'une théorie des champs unifiés sera le projet sur lequel Einstein travaillera durant pratiquement les trente dernières années de sa vie. Après la relativité générale, il commença à travailler sur une théorie unifiée des interactions et des particules élémentaires dans laquelle un seul champ fondamental existerait. Dans un premier temps, Einstein cherchera (sans succès) à unifier la gravitation et l'électromagnétisme.
4. La diffusion Compton est la collision d'un photon sur un électron, à l'issue de laquelle l'électron est éjecté de l'atome et se retrouve donc ionisé. Arthur Compton a été le premier à observer en 1923 l'allongement de la longueur d'onde du photon dans cette diffusion.
5. Un condensat de Bose-Einstein est un état particulier de la matière qui apparaît à très basse température et qui est formé de bosons. La distribution des bosons obéit à la statistique de Bose-Einstein selon laquelle plusieurs bosons peuvent occuper simultanément un même état quantique.

Ici se termine la période la plus dense de l'imposante contribution strictement scientifique d'Einstein. Parmi ses productions ultérieures, on peut citer au moins les deux articles qui suivent.

25. Article de 1935 qui critique les fondements de la physique quantique et pose le problème toujours d'actualité de sa complétude : longtemps sous-estimé par les physiciens, car en partie de nature philosophique, cet article fondamental décrit l'expérience EPR[1] (Einstein-Podolsky-Rosen). Il donnera lieu à de nombreuses expériences à partir des années 1980 dont les implications restent sujettes à caution.
26. Article de 1936 sur l'effet de lentille gravitationnelle décrivant ce qui sera appelé plus tard les anneaux d'Einstein. Einstein ne pensait pas que de tels effets seraient détectables en pratique. De fait ce n'est que tout récemment (plus de 60 ans après cette publication!) que les effets dits de microlentille gravitationnelle[2] se sont révélés de façon inattendue constituer une méthode très sensible pour détecter des planètes autour d'étoiles autres que le Soleil. C'est de fait la seule méthode aujourd'hui ayant le potentiel de détecter (même depuis le sol) des planètes telluriques de masse inférieure à celle de la Terre et ce à de grandes distances.

En résumé, on peut qualifier son œuvre scientifique, sans risquer d'être contredit, de monumentale : Einstein aura été le seul physicien à l'origine des deux grandes théories physiques du XXe siècle (découvreur unique de la relativité restreinte puis générale et père fondateur de la physique quantique avec Planck et Bohr). Il a largement contribué à prouver la réalité des atomes, introduit et approfondi le concept de photon. Il a également initié les travaux en cosmologie. Sa facilité à trouver et utiliser des invariants, sa maîtrise de la physique statistique, sa capacité unique à exploiter les expériences par la pensée restent les traits marquants de son génie. Enfin il a été le seul physicien à porter tout au long de sa vie un regard véritablement philosophique (donc critique) sur les fondements des théories physiques en devenir. Pour tout cela, il se distingue nettement des autres physiciens du XXe siècle.

1. Le paradoxe EPR est une expérience de pensée exploitant l'intrication de systèmes quantiques et dont le but premier était de réfuter l'interprétation de Copenhague de la physique quantique, selon laquelle la description de la réalité fournie par la théorie est complète.
2. L'effet de microlentille gravitationnelle se produit lorsque la lumière en provenance d'un étoile d'arrière plan est amplifiée (en plus d'être déviée) en passant au voisinage d'une étoile et de sa planète situées par chance sur la même ligne de visée par rapport à la Terre. La présence de la planète est détectée par un pic supplémentaire dans l'amplification de la lumière qui permet d'estimer sa masse.

Il est temps à présent, cher lecteur, de nous tourner vers le débat qui nous occupe dans cette annexe, à savoir la controverse Einstein-Poincaré.

Effectuons un petit raisonnement probabiliste : Einstein était parfaitement capable d'écrire seul les deux articles de 1905 sur la relativité restreinte puisque cette même année, avant même de rédiger les deux articles sur la relativité, il a écrit l'un des articles les plus révolutionnaires de la physique (effet photoélectrique) ainsi que deux autres articles qui sont à classer parmi les plus importants de l'histoire de la physique. En outre les trois articles qui précèdent ceux consacrés à la relativité traitent de sujets très différents.

En dehors des deux articles en question, on peut dire qu'Einstein a publié au cours de sa carrière au moins une vingtaine d'autres articles aussi importants sur des sujets variés.

Il faut également bien garder à l'esprit que, suite à ses deux articles de 1905 sur la relativité restreinte, trois étapes essentielles jalonnent le cheminement d'Einstein vers la relativité générale : son article de 1907 (où il exploite pour la première fois le principe d'équivalence), celui de 1912 (où il découvre que l'espace ne peut être plat) et ceux de 1915.

Poincaré meurt en 1912 et n'a donc pas eu comme Lorentz le temps de s'exprimer sur la théorie de la relativité restreinte telle que soumise par Einstein. En fait nous n'avons à ce jour aucun document dans lequel Poincaré donne un jugement explicite sur les articles d'Einstein. De même Poincaré n'a pas lu ou pas compris l'article mémorable d'Einstein de 1907 ni celui non moins important de Minkowski publié en 1908. Poincaré disparaît sans bien sûr n'avoir écrit quoi que ce soit concernant la relativité générale, ce qui est compréhensible puisqu'il n'avait toujours pas franchi le pas critique vers une remise en cause de l'espace-temps contrairement à ce que fit Einstein sans équivoque dès 1905.

Il faut bien distinguer deux points.

- Proposition A : Einstein et Poincaré ont-ils tous les deux découvert indépendamment la théorie de la relativité restreinte ?
- Proposition B : Einstein a-t-il plagié Poincaré ?

Ce qui me paraît le plus suspect dans ce questionnement, c'est la proposition B : en effet celle-ci prête à Einstein des intentions malveillantes (il y aurait tromperie, l'article d'Einstein n'étant qu'une vulgaire compilation d'articles de Poincaré).

Outre l'absurdité *a priori* d'une telle hypothèse au regard des multiples et indépendantes contributions d'Einstein à la physique (tant antérieurement que postérieurement à ses deux premiers articles sur la relativité), les motivations derrière une telle interrogation restent nimbées de malhonnêteté intellectuelle.

En revanche la proposition A est intéressante car elle permet de porter une réflexion historique sur la valeur comparative des travaux de Poincaré et Einstein en ce qui concerne la relativité restreinte et de bien distinguer le contenu physique et les résultats purement mathématiques.

S'il y a bien un physicien qui a poursuivi une idée (celle de la relativité) depuis ses prémisses jusqu'à ses derniers retranchements, c'est bien Einstein et personne d'autre. Ses publications constituent une preuve indiscutable.

Poincaré n'a jamais dans aucun de ses articles énoncé les principes fondateurs de la relativité restreinte et montré que la transformation de Lorentz pouvait être dérivée de ces principes. Le point essentiel était d'oser franchir le pas consistant à assumer les conséquences d'une cinématique radicalement nouvelle (principes + résultats prédictifs dérivés de ces principes). En fait les points de vue de Poincaré et Lorentz étaient assez voisins, même si Poincaré a poussé plus loin certains développements mathématiques.

Lorentz n'a quant à lui jamais été un relativiste convaincu, même s'il a certainement assimilé les travaux d'Einstein. De nombreuses citations dont celle en tête de cette annexe l'attestent sans aucun doute possible et il était très lucide notamment sur son incapacité et sa réticence à franchir le pas décisif vers la théorie.

Poincaré n'a laissé aucune trace permettant d'affirmer qu'il aurait compris les travaux d'Einstein (à supposer qu'il les ait lus avec soin) et n'a jamais fait le choix décisif d'opter pour une structure d'espace-temps radicalement nouvelle.

En avril 1909 (soit quatre ans après l'article fondateur d'Einstein), Poincaré consacre l'une des conférences qu'il donne à Göttingen à « la mécanique nouvelle » sans faire néanmoins aucune référence à Einstein et déclare alors que cette mécanique repose sur trois hypothèses.

La première énonce que les corps ne peuvent atteindre une vitesse supérieure à celle de la lumière, la seconde que les lois de la physique demeurent identiques dans tous les référentiels d'inertie. Poincaré introduit alors une troisième hypothèse pour la contraction des longueurs. Son point de vue (en 1909) est encore étonnamment proche de celui adopté par Lorentz et Fitzgerald à la fin du XIXe siècle, lorsqu'ils proposaient d'expliquer par un effet mécanique (qui se produirait dans le sens de la vitesse) la contraction des longueurs, ce qui leur permettait de sauvegarder l'existence de l'éther (milieu supposé de propagation de la lumière). Alors même que Poincaré en 1909 dissertait encore sur la contraction des longueurs érigée en principe (non en conséquence), Einstein était déjà (depuis 1907 et son article mémorable sur le principe d'équivalence) résolument sur le chemin de la relativité générale.

On peut même ajouter que, entre les articles d'Einstein de 1905 et la disparition de Poincaré en 1912, deux articles essentiels sont publiés l'un par Einstein en 1907 (qui constitue un premier pas formidable vers la relativité générale), l'autre par Minkowski en 1908 (qui formalise la structure de l'espace-temps et qui lui aussi constitue une étape capitale pour la future relativité générale). Ces deux articles montrent l'écart décisif qui sépare dès 1905 les contributions d'Einstein de celles de Poincaré pour lesquelles aucune vision synthétique claire d'une théorie physique n'émerge et qui n'évoluent pas après 1905.

Ce qui contribue à entretenir quelque peu l'ambiguïté chez certains physiciens restés hermétiques à la signification de la théorie, c'est le fait qu'on peut dériver une bonne partie des résultats mathématiques identiques à ceux publiés par Einstein (en 1905) sans nécessairement partir d'une théorie cohérente et achevée. C'est un fait que, en juin 1905, donc avant l'article fondateur d'Einstein, des éléments tels que la contraction des longueurs, la dilatation des durées, l'augmentation de la masse avec la vitesse ou la limite représentée par la vitesse de la lumière avaient déjà plus ou moins fait l'objet de publications. Mais ceci ne veut pas du tout dire que ces résultats épars avaient été compris, c'est-à-dire interprétés adéquatement dans une synthèse claire et cohérente.

Comme les physiciens positivistes[1] ont une tendance fâcheuse à ne s'intéresser qu'aux prédictions d'une théorie et non à son contenu physique profond, cela a aussi pu faciliter la confusion particulièrement en France où existe un fort courant positiviste.

C'est pourquoi il est important d'indiquer quelles sont les prédictions qui ont échappé à Poincaré et qui n'étaient dérivables que d'une théorie synthétique complète.

Si l'on se plonge dans le grand mémoire de Palerme de Poincaré (1906), certes les transformations de Lorentz y sont élégamment détaillées mais le thème principal de physique reste la dynamique, comme l'a remarqué Pais dans sa biographie d'Einstein. À aucun moment Poincaré ne franchit le pas décisif qui fonde la relativité restreinte et peut ainsi fournir une base pour la généralisation ultérieure conduisant à la relativité générale.

La relativité restreinte implique la contraction des longueurs et la pluralité des temps propres. Ces deux conséquences essentielles n'ont jamais été admises en tant qu'effets indissociables d'une cinématique radicalement nouvelle ni par Lorentz ni par Poincaré. Le premier effet apparaît comme un effet mécanique additionnel, le second effet est réfuté en ce sens que les temps propres (locaux) n'ont pas pour Lorentz et Poincaré de réalité physique. Le temps local diffère du temps réel chez Lorentz et Poincaré. Lorentz reconnaît son erreur en 1915 (voir la citation en tête de cette annexe).

Pour Einstein, il y a autant de temps que de référentiels d'inertie. C'est là le point capital des parties cinématiques de l'article de juin 1905. La prédiction d'Einstein sur la comparaison du temps indiqué par deux horloges dont l'une parcourt une courbe fermée pour rejoindre son point de départ (où se trouve l'autre horloge restée immobile), dans son article de juin sur la relativité restreinte n'est pas anecdotique, comme on le croit encore parfois, mais fondamentale. Elle est la conséquence véritable de la nouvelle cinématique et de la structure de l'espace-temps. Cette prédiction ne se trouve bien sûr énoncée nulle part ni par Lorentz ni par Poincaré, car elle nécessite de

1. Le positivisme est un point de vue qui consiste à considérer que seuls les résultats de mesures ont un sens physique. À l'opposé, le réalisme physique suppose l'existence d'une réalité objective indépendante de toute mesure que nos théories ont précisément pour but d'expliquer au plus près.

« sauter le pas », c'est-à-dire de prendre vraiment au sérieux la nouvelle cinématique et en assumer toutes les conséquences, ce que ni l'un ni l'autre n'était prêt à faire[1].

Par ailleurs, quelques auteurs prétendent que Poincaré aurait également l'antériorité sur le principe de relativité. De nombreux physiciens (Poincaré compris) ont envisagé avant Einstein d'étendre le principe de relativité galiléen à l'électromagnétisme voire à la physique entière. Une simple allusion qualitative en forme de vœu pieux ne suffit évidemment pas à rendre un tel principe opératoire. C'est Einstein qui réussit à l'intégrer en tant que principe dans une théorie unificatrice cohérente.

Force est de constater que, malheureusement, à l'occasion du centenaire de l'année Einstein 1905, ces thèses fantaisistes ont trouvé un écho largement exagéré dans les médias et un soutien inespéré de la part de journalistes ou de scientifiques mal informés.

En conclusion, on peut affirmer, au-delà de tout doute raisonnable, qu'Einstein est bien l'unique découvreur de la théorie de la relativité restreinte, en fournissant un nouveau cadre applicable à toute la physique.

On peut même aller plus loin : si Einstein ne l'avait pas fait, il est presque sûr que ni Lorentz ni Poincaré n'auraient énoncé ultérieurement les principes fondateurs de la théorie et dérivé comme lui tous les résultats expérimentaux qui en découlent.

Récapitulons une dernière fois les principales différences qui séparent le père de la relativité restreinte, Einstein, de ses précurseurs (dont Poincaré), si on se borne à comparer les publications de ces auteurs liées à la relativité restreinte :

- dérivation de la transformation de Lorentz à partir des deux principes fondateurs qui définissent un nouveau cadre pour toute la physique ;
- utilisation explicite du principe de relativité (rendant ce principe opératoire pour une nouvelle physique) ;
- invariance de la vitesse de la lumière dans le vide érigée en principe ;
- contraction des longueurs vue comme un simple effet cinématique et non comme une compression physique due à quelque force extérieure ;

1. Poincaré a certes entrevu le caractère relatif de la simultanéité (comme ses écrits l'attestent) mais s'est arrêté au milieu du gué, la synthèse correcte lui ayant échappé.

- formule de composition des vitesses vue comme une conséquence naturelle de ses deux principes généraux et à laquelle est attachée une véritable signification physique ;
- abandon de l'éther (milieu hypothétique de propagation de la lumière) ;
- prédiction de l'effet Doppler transverse (décalage des fréquences dû à la dilatation relativiste des durées) ;
- temps locaux (propres) traités comme physiquement réels ;
- paradoxe des jumeaux : prédiction du retard indiqué par l'horloge ramenée à son point de départ.

Posons-nous une question à la Wheeler[1].

Quel est le point le plus important qui sépare Einstein de Poincaré (et des autres précurseurs) ? La **relativité du temps**.

En fait la contestation anti-Einstein s'est développée en France dès le début du XXe siècle, pour des motivations diverses. Tantôt il était considéré comme trop allemand, tantôt comme trop juif, tantôt sa théorie était jugée trop dérangeante. Les récentes attaques dont il a été question dans cette annexe n'en sont probablement qu'un lointain écho mais l'essentiel est d'insister, après l'avoir montré, sur leur absence totale de fondement.

On ne peut que regretter que l'année 2005 dédiée aux contributions majeures d'Einstein en 1905 ait été en France l'occasion malheureusement plutôt réussie pour diffuser dans l'opinion publique une vision erronée de l'histoire de la physique.

J'espère toutefois ici avoir remis les pendules à l'heure, même si ce n'est jamais un exercice aisé avec la relativité.

> Quel rapport avec le GPS ?

Cette annexe est tout à fait pertinente pour le propos de ce livre car la relativité du temps est au cœur du débat. Pour cette même raison, le GPS par son fonctionnement qui est constaté tous les jours partout sur le globe constitue une validation de la nouvelle théorie-cadre de la physique qu'Einstein a été le seul à énoncer. La désynchronisation des horloges est un phénomène

1. Le physicien John Archibald Wheeler avait pour habitude de demander à ses étudiants : « Quel est le point le plus important que vous avez appris sur ce sujet ? »

observé en permanence dans la mise en œuvre du GPS et cette prédiction est une ligne de démarcation cruciale entre Einstein et les précurseurs de la relativité.

> Quelle importance ?

À quoi bon tout ce tintamarre autour d'Einstein? Après tout, est-ce si important de savoir que c'est bien Einstein le découvreur et non Poincaré ?

Einstein n'était-il pas après tout un physicien comme les autres? N'en a-t-on pas fait une figure emblématique hors de toutes proportions ?

Tout d'abord, en science encore plus qu'ailleurs, l'honnêteté intellectuelle est cruciale : nous ne devons rien cacher de ce qui a été reconnu comme étant vrai. Si nous admettons certaines formes de révisionnisme en science, comment pourrons-nous nous y opposer dans des contextes non strictement scientifiques ?

Ce n'est pas tant la controverse particulière Einstein-Poincaré qui est dangereuse mais l'état d'esprit qui la sous-tend, d'autant que dans le cas précis qui nous occupe, la méprise traduit l'incompréhension profonde du concept clé (la relativité du temps) d'une théorie majeure.

La science a précisément pour but de nous faire découvrir « cette vérité qui importe au genre humain », pour reprendre les mots de Voltaire. La vigilance est donc un devoir de tous les instants.

Enfin, il faut prendre garde de ne pas **passer de la relativité au relativisme**.

Nous succomberions alors à une forme d'indifférence chronique par rapport à la vérité où personne n'a jamais tout à fait tort et tout le monde a toujours un petit peu raison.

Sans faire d'Einstein une figure à idolâtrer, il est important de souligner à quel point il s'agissait d'un scientifique hors du commun à la pensée originale et qui aura fait honneur à la démarche scientifique par son audace, sa ténacité et sa perspicacité.

Index des idées fausses traitées dans ce livre

Croire que la désynchronisation des horloges (comme conséquence du mouvement ou de la gravitation) est un mythe, autrement dit croire que le paradoxe des jumeaux est une idée fantaisiste.	*1.4, 2.3, 4.1, 4.2, 4.3, 6.2, 6.3, 6.4, 6.5, 9.5, annexes A et B*
Croire que la prise en compte de la relativité du temps n'est pas indispensable au fonctionnement du GPS.	*6.2, 6.3, 6.4, 6.5, 9.5*
Croire que les trous noirs ne jouent aucun rôle dans le fonctionnement du GPS.	*7*
Croire que le père de la relativité restreinte est Poincaré et non Einstein.	*Annexe B*
Croire qu'un trou noir est un astre tellement dense et compact que rien ne peut s'en échapper, même pas la lumière.	*2.5*
Croire que la relativité restreinte ne permet pas d'étudier les mouvements accélérés ou de rotation.	*1.3, annexe A*
Croire que la relativité n'a pas d'application pratique dans notre vie de tous les jours.	*1.3*
Croire que la relativité de l'espace et du temps, c'est plus on regarde loin dans l'espace, plus on regarde loin dans le passé.	*1.2*
Croire que l'effet Sagnac s'explique par l'anisotropie de la vitesse de la lumière dans les disques tournants. Cette erreur est à l'origine du paradoxe de Selleri.	*Annexe A*
Croire que l'effet Sagnac n'a rien à voir avec la relativité du temps.	*6.4, annexe A*
Croire que l'effet Sagnac n'est pas purement relativiste.	*Annexe A*
Croire que l'explication correcte de l'effet Sagnac passe par la relativité générale (donc que la relativité restreinte ne suffit pas).	*Annexe A*
Croire que l'effet Sagnac n'a jamais été vérifié avec des objets macroscopiques.	*Annexe A*

Confusion entre science et bon sens : croire que la science consiste toujours à expliquer la réalité simplement par le bon sens (en tant qu'expérience tirée de notre vie quotidienne).	*9.1*
Effet bof : croire que toutes les connaissances ont une vraisemblance égale, ce qui revient dans un raisonnement à attribuer des probabilités *a priori* identiques à des propositions sans justification.	*9.5*
Effet boomerang : croire que l'observation *O* invalide une hypothèse *H* alors que c'est l'exact opposé qui est vrai (et démontré par des observations complémentaires). Un exemple particulièrement frappant de ce type de contresens est l'effet Sagnac.	*9.4, 9.5, annexe A*
Effet paillasson : désigner une chose par un terme inapproprié comme dans « s'essuyer les pieds sur le paillasson ». L'imprécision dans l'argumentation peut conduire à fouler aux pieds la vérité.	*9.5*
Erreur des absolus : attribuer dans un raisonnement un poids excessif (sans justification) à des quantités grandes ou faibles. Un exemple est de croire que la relativité du temps ne peut jouer aucun rôle dans le GPS puisque les écarts temporels prédits par la relativité sont ridiculement faibles.	*9.1*
Exposition sélective : erreur méthodologique consistant à présenter presque exclusivement les arguments en faveur de son hypothèse favorite et à négliger ou ignorer les arguments adverses. Cette erreur très fréquente est en général associée à une conviction intime très forte.	*Annexe A*
Leurre de l'intuition : croire que l'intuition (en tant que démarche purement instinctive) est une alliée indispensable dans la recherche de la vérité.	*9.1*
Mythe de la table rase : croire que, en science, le progrès des connaissances procède essentiellement par abandons successifs complets des « vérités » antérieures.	*9.5*
Relativisme cognitif : croire que ce qui est vrai ou faux dépend des groupes sociaux ou culturels, donc que la science n'a pas de portée universelle.	*9.2*

Glossaire

Voici quelques définitions importantes pour faciliter la lecture.

Dilatation relativiste des temps : Décalage entre intervalles de temps propre et impropre responsable d'un effet Doppler dit « du second ordre » (car en v^2/c^2). L'intervalle de temps propre entre deux événements est toujours inférieur à l'intervalle de temps de ces mêmes événements mesuré par un observateur extérieur.

***Earth Centered Inertial* (ECI) :** Référentiel inertiel avec pour origine le centre de la Terre qui se meut avec elle autour du Soleil mais qui ne tourne pas autour de son axe.

Effet boomerang : Croire que l'observation *O* invalide une hypothèse *H* alors que c'est l'exact opposé qui est vrai : l'observation *O* confirme fortement l'hypothèse *H*. Au final c'est donc l'effet inverse de celui imaginé au départ qui se révèle vrai et même décuplé.

Un exemple typique est l'effet Sagnac : à l'origine l'expérience avait été conçue pour mettre « en lumière » une faille dans la relativité restreinte mais en réalité l'observation initiale et d'autres complémentaires ont confirmé magistralement la théorie.

Effet Doppler (classique) : Décalage entre la fréquence reçue et la fréquence émise lorsque l'émetteur s'éloigne ou se rapproche du récepteur.

Effet Einstein : Décalage des fréquences vers le rouge (ralentissement) lorsque le champ gravitationnel augmente. Einstein fut le premier à prédire cet effet en 1907 en utilisant le principe d'équivalence.

Effet Sagnac : Décalage temporel dans la réception de signaux « tournant en sens inverse » à la même vitesse quand ils sont émis par un émetteur-récepteur fixé sur un disque tournant.
Cet effet est purement relativiste car il est indépendant de la vitesse et de la nature des signaux et implique une désynchronisation des horloges transportées sur le disque tournant. Pour le GPS, il intervient dans le mouvement du récepteur pendant l'acquisition des signaux satellitaires. Sa prise en compte est incontournable lorsqu'il s'agit de synchroniser des horloges à la surface de la Terre.

Effet Shapiro : Pour le GPS, retard dans la transmission des signaux en provenance des satellites du fait de la courbure de l'espace-temps au voisinage de la Terre.

Éphémérides : Dans le cas du GPS, ensemble de paramètres à bord de chaque satellite permettant de calculer sa position à tout instant avec grande précision (valable sur plusieurs heures).

Équation du temps : Écart entre-temps solaire moyen (fictif) et temps solaire vrai.

Espace-temps : Tissu à quatre dimensions dans lequel l'espace et le temps sont indissociables.

Événement : Point dans l'espace-temps, c'est-à-dire position dans l'espace à un instant donné.

Expériences de type Hafele-Keating : Tests de la relativité qui consistent à comparer directement les temps indiqués par des horloges ayant séjourné dans des régions au potentiel gravitationnel différent ou ayant subi un déplacement.

GPS (Global Positioning System) : Système de localisation par satellites sous contrôle direct de l'armée américaine.

Gyrolaser : Capteur de vitesse angulaire à base de lumière cohérente et exploitant l'effet Sagnac.

Gyromètre : Capteur de vitesse angulaire par rapport à un référentiel inertiel. On distingue les gyromètres mécaniques (basés sur un système de toupie) et ceux basés sur l'effet Sagnac.

Métrique : Fonction qui définit la distance entre les éléments d'un ensemble. Un ensemble muni d'une distance est appelé un espace métrique.

Paradoxe des jumeaux classique (mouvement simple) : Différence d'âge entre deux jumeaux après que l'un deux a effectué un aller-retour quelconque en l'absence de gravitation.
C'est le physicien français Paul Langevin, ardent défenseur de la relativité dès ses débuts, qui eut l'idée en 1911 de populariser la prédiction relativiste sur la désynchronisation d'une horloge en mouvement à l'aide de jumeaux.

Paradoxe des jumeaux bis (gravitation) : Différence d'âge entre deux jumeaux après que l'un deux a effectué un séjour dans une région où le champ gravitationnel est différent.

Paradoxe des jumeaux ter (effet Sagnac) : Différence d'âge entre deux jumeaux après que chacun d'eux a effectué un tour complet en sens inverse (à même vitesse) sur un disque en rotation.

Paradoxe des tortues (effet Sagnac) : Deux tortues effectuant un tour complet en sens inverse (à même vitesse) sur un disque en rotation ne reviennent pas à leur point de départ au même instant.

Quasar : Source de rayonnement « quasi stellaire » (*quasi stellar radio source* en anglais). Il s'agit d'une galaxie lointaine et très énergétique avec un noyau galactique actif. Les quasars sont parmi les objets les plus lumineux de l'univers et abritent en leur centre un trou noir géant.

Référentiel inertiel (ou galiléen) : Référentiel dans lequel la loi d'inertie est valable : un corps qui n'est soumis à aucune force est au repos ou en mouvement rectiligne uniforme. On peut dire aussi qu'il s'agit d'un référentiel qui ne tourne pas et sur lequel n'agit aucune force extérieure. Tout référentiel en mouvement rectiligne uniforme par rapport à un référentiel galiléen est lui-même galiléen.

Relativisme (cognitif) : Point de vue consistant à considérer que les vérités scientifiques ne sont valides que par rapport à des groupes sociaux ou culturels et n'ont donc pas de portée universelle.

Relativité restreinte : Théorie physique basée sur l'équivalence de tous les référentiels d'inertie et l'invariance de la vitesse de la lumière dans le vide.

Relativité générale : Théorie physique basée sur l'équivalence de tous les référentiels et l'équivalence locale entre accélération et gravitation.

Seconde intercalaire : Seconde ajoutée au temps universel coordonné dès qu'il dérive de plus d'une seconde du temps universel.

Temps atomique international (TAI) : Échelle de temps calée sur la période d'émission d'une des radiations de l'atome de césium 133.

Temps GPS (GPST) : Temps atomique international moins 19 secondes (car calé sur le temps universel coordonné de 1980).

Temps propre : Temps indiqué par une horloge attachée à un observateur donné.

Temps solaire moyen : Temps solaire vrai corrigé de l'équation du temps avec origine à midi.

Temps solaire vrai : Heure locale indiquée par le Soleil avec origine à midi.

Temps universel (UT) : Échelle de temps calée sur la rotation terrestre, avec origine à minuit au méridien de Greenwich.

Temps universel coordonné (UTC) : Temps atomique international calé sur le temps universel (écart toujours maintenu inférieur à la seconde).

Trou noir : Région de l'espace-temps à la courbure telle que rien, pas même la lumière, ne peut s'en échapper.

WGS 84 (*World Geodetic System* 1984) : Système géodésique associé au GPS qui s'est rapidement imposé comme une référence pour la cartographie. Un système géodésique ne doit pas être confondu avec un type de projection : il définit une représentation du géoïde terrestre (dont les paramètres décrivent l'ellipsoïde de révolution).

Zététique : Approche philosophique qui consiste à promouvoir et clarifier la méthodologie scientifique par un examen critique des procédés pseudoscientifiques en tous genres.

Bibliographie

Voici une liste d'ouvrages remarquables (indiqués par ordre alphabétique). J'ai tenu à me restreindre à une liste courte pour pouvoir garantir à mon lecteur d'avoir lu avec attention chaque livre mentionné.

- Henri Broch, *L'Art du doute* et *Comment déjouer les pièges de l'information*, Book-e-book, 2008.
  Deux petits livres indispensables sur la démarche zététique par son fondateur en France. Mon lecteur trouvera une description d'effets en tout genre (cerceau, cigogne, lotus, puits, impact, paillasson, bof...) dans le deuxième petit livre cité.
- Albert Einstein, *La Relativité*, Petite Bibliothèque Payot, 1983.
  Un petit livre délicieux devenu classique qui constitue un remarquable résumé des théories de la relativité restreinte et générale.
- Éric Gourgoulhon, *Relativité restreinte*, EDP Sciences, 2010.
  Un splendide exposé de la relativité restreinte (très complet) qui offre l'intérêt précieux d'initier d'emblée l'étudiant au point de vue de l'univers-bloc quadridimensionnel de Minkowski où les observateurs accélérés ou en rotation peuvent être étudiés avec précision. À réserver aux lecteurs désireux de maîtriser le formalisme complet de la théorie.
- Tony Jones, *Combien dure une seconde ?*, EDP Sciences, 2003.
  Un ouvrage sur le fonctionnement du temps atomique qui fournit un récit historique captivant.
- Étienne Klein, *Le Temps*, Flammarion, 1995.
  Un survol intéressant du concept de temps qui met intelligemment en regard le temps des physiciens et le temps des philosophes.
- Marie-Christine de La Souchère, *Une histoire du temps et des horloges*, Ellipses, 2007.
  Un récit simple et clair sur la mesure du temps et l'histoire des horloges depuis les cadrans solaires jusqu'aux horloges atomiques.
- Alexandre Moatti, *Einstein, un siècle contre lui*, Odile Jacob, 2007.
  Un rappel historique très instructif sur les attaques nombreuses et virulentes portées au cours du siècle passé contre Einstein et sa théorie de la relativité avec des échos jusque dans la période actuelle.

- Abraham Pais, Albert Einstein, *La Vie et l'œuvre*, InterEditions, 1993.
  Une biographie très complète sur la vie et l'œuvre du plus grand physicien du XXe siècle.
- Gianni Pascoli, *La Gravitation*, PUF, « Que sais-je ? », 1989.
  Un très bon résumé de la relativité générale.
- Roger Penrose, *Les Deux Infinis et l'esprit humain*, Flammarion, 1999.
  Un essai passionnant sur les deux grandes théories physiques du XXe siècle (physique quantique et relativité) et très spéculatif sur le fonctionnement du cerveau.
- Jean-Marc Piéplu, *GPS et Galileo*, Eyrolles, 2006.
  Un très bon survol des systèmes de localisation par satellites. Curieusement il n'est fait nulle part mention des corrections relativistes. Dans le livre, elles sont incluses implicitement dans les corrections diverses à prendre en compte pour synchroniser l'horloge atomique à bord du satellite GPS.
- Sylvain Schwartz, *Gyrolaser à état solide*, thèse de doctorat de l'École polytechnique, 2006.
  Un beau travail prometteur sur une nouvelle classe de gyromètres à effet Sagnac (donc exploitant un effet purement relativiste), senseurs utilisant les propriétés particulières des condensats de Bose-Einstein que l'on qualifie parfois de « lasers à atomes ».
- http://www.imprimerie.polytechnique.fr/Theses/Files/Schwartz.pdf
- Alan Sokal, Jean Bricmont, *Impostures intellectuelles*, Odile Jacob, 1997.
  L'ouvrage de référence sur les dérives de la pseudo-philosophie postmoderne avec de nombreuses citations commentées.
  C'est surtout le chapitre 11 consacré aux erreurs de Bergson sur la relativité restreinte qui est particulièrement intéressant pour le propos de ce livre.
- Kip Thorne, *Trous noirs et distorsions du temps*, Flammarion, 1997.
  Un récit très vivant et très éclairant sur l'histoire des trous noirs par l'un des meilleurs spécialistes de la relativité générale.

* Remerciements

Après avoir écrit sur la relativité du temps, quoi de plus normal que d'exprimer ma gratitude l'espace d'un instant à celles et ceux qui m'ont apporté leur soutien ?

Je tiens d'abord à remercier les éditions Ellipses et tout spécialement Corinne Baud, pour m'avoir témoigné leur confiance en publiant cet ouvrage.

J'ai été également très honoré par les encouragements du professeur Henri Broch, directeur du laboratoire de zététique à l'université de Nice et fondateur du premier enseignement de zététique en France. J'ai beaucoup d'estime pour la démarche qu'il a initiée et qui fut une source d'inspiration précieuse.

Merci à Isabelle pour ses conseils toujours très sûrs et à Françoise qui par sa sensibilité m'a permis d'améliorer la tonalité et j'espère la qualité de certains passages du livre.

Merci à Luc pour ses commentaires souvent enjoués et communiqués avec force sympathie, à Belkacem pour les nombreuses conversations en tous genres qui m'auront permis d'affûter mes arguments, à Dominique pour avoir consacré durant ses temps de transport de longues heures à décortiquer chaque page avec minutie et à son fils Nicolas pour avoir sympathiquement joué le rôle d'élève-test de première S.

Merci à mon père qui, en m'ayant précédé dans la publication d'un premier livre, m'a rendu plus confiant dans mes propres tentatives et à ma mère, disparue trop tôt, dont les qualités humaines demeurent un guide irremplaçable, à la manière d'un improbable GPS du cœur.

Merci enfin à toutes les personnes qui n'ont pas lu une ligne certes mais qui en coulisses ont su me donner, parfois à leur insu, la motivation pour poursuivre ce projet insolite jusqu'au bout.

* Crédits photos

Figure 1 : Selen-Fotolia.com (horloge) / Beboy-Fotolia.com (GPS)

Figure 2 : Paul Fleet-Fotolia.com

Figure 3 : Li-Bro-Fotolia.com

Figure 4 : Christa Eder-Fotolia.com

Figure 5 : Vjom-Fotolia.com

Figure 7 : Alexander Sabilin-Fotolia.com

Figure 8 : Kromosphere-Fotolia.com

Figure 9 : Tetastock-Fotolia.com

Figure 10 : Photo Thales Aerospace

Figure 11 : Peter Baxter-Fotolia.com

Table des matières

Imprimé par CPI Bussière en novembre 2020
Dépôt légal : novembre 2020 - N° d'impression : 2051302